绿色食品
产地环境实用技术手册

中国绿色食品发展中心　组编
王颜红　张志华　主编

中国农业出版社

图书在版编目（CIP）数据

绿色食品产地环境实用技术手册 / 王颜红，张志华主编；中国绿色食品发展中心组编．—北京：中国农业出版社，2015.12

（绿色食品标准解读系列）

ISBN 978-7-109-21320-3

Ⅰ．①绿…　Ⅱ．①王…　②张…　③中…　Ⅲ．①绿色食品－产地－技术手册　Ⅳ．①TS201.6－62

中国版本图书馆 CIP 数据核字（2015）第 301484 号

中国农业出版社出版
（北京市朝阳区麦子店街 18 号楼）
（邮政编码 100125）
责任编辑　刘　伟　廖　宁

中国农业出版社印刷厂印刷　　新华书店北京发行所发行
2016 年 3 月第 1 版　　2016 年 3 月北京第 1 次印刷

开本：700mm×1000mm　1/16　　印张：10.5
字数：200 千字
定价：32.00 元

本书编写人员名单

主　　编： 王颜红　张志华

副 主 编： 李国琛　王　莹　崔杰华

编写人员（按姓名笔画排序）：

王　莹　王　瑜　王世成　王颜红
田　莉　宁翠萍　刘萌萌　安　婧
孙　辞　杜　翼　李　波　李国琛
张　红　张志华　林桂凤　贾　垚
唐　伟　崔杰华　霍佳平

序

“绿色食品”是我国政府推出的代表安全优质农产品的公共品牌。20多年来，在中共中央、国务院的关心和支持下，在各级农业部门的共同推动下，绿色食品事业发展取得了显著成效，构建了一套“从农田到餐桌”全程质量控制的生产管理模式，建立了一套以“安全、优质、环保、可持续发展”为核心的先进标准体系，创立了一个蓬勃发展的新兴朝阳产业。绿色食品标准为促进农业生产方式转变，推进农业标准化生产，提高农产品质量安全水平，促进农业增效、农民增收发挥了积极作用。

当前，食品质量安全受到了社会的广泛关注。生产安全、优质的农产品，确保老百姓舌尖上的安全，是我国现代农业建设的重要内容，也是全面建成小康社会的必然要求。绿色食品以其先进的标准优势、安全可靠的质量优势和公众信赖的品牌优势，在安全、优质农产品及食品生产中发挥了重要的引领示范作用。随着我国食品消费结构加快转型升级和生态文明建设战略的整体推进，迫切需要绿色食品承担新任务、发挥新作用。

标准是绿色食品事业发展的基础，技术是绿色食品生产的重要保障。由中国绿色食品发展中心和中国农业出版社联合推出的这套《绿色食品标准解读系列》丛书，以产地环境质量、肥料使用准则、农药使用准则、兽药使用准则、渔药使用准则、食品添加剂使用准则以及其他绿色食品标准为基础，对绿色食品产地环境的选择和建设，农药、肥料和食品添加剂的合理选用，兽药和渔药的科学使用等核心技术进行详细解读，同时辅以相关基础知识和实际操作技术，必将对宣贯绿色食品标准、指导绿色食品生产、提高我国农产品的质量安全水平发挥积极的推动作用。

农业部农产品质量安全监管局局长 马爱国

2015年10月

前言

民以食为天，食品工业已经成为国民经济建设的支柱产业，而食品和农产品的安全生产和关键技术是世界科技发展的重点和前沿领域。绿色食品于20世纪90年代初期，在发展高产优质高效农业大背景下产生的。我国绿色食品的概念与国外的有机食品、生态食品、自然食品类似，但更具有中国特色。不仅制定了各关键环节的质量标准，强调全过程质量监测和控制，且更符合我国国情和农业产业实际。相关数据显示，至2015年中国已创建511个绿色食品原料标准化生产基地，面积达1.3亿亩，绿色食品企业总数达到7 696家、产品总数19 076个，国内年销售额3 625.2亿元，出口额达到26亿美元，带动农户1 722万户，直接增加农民收入8.6亿元以上。绿色食品产业的规模开发为推进绿色农业的发展、提高农民收入、增加企业效益、改善人们的膳食结构、促进贫困地区的经济振兴、实现农业可持续发展探索出了新的途径。

绿色食品的健康发展，需要科学的标准体系做支撑。随着农业生态环境的自身变化和国际食品技术的发展，原有的标准在实际应用中，遇到了适用范围不全面、项目指标未覆盖等问题。为此，中国绿色食品发展中心组织修订的《绿色食品　产地环境质量》（NY/T 391—2013）和《绿色食品　产地环境调查、监测与评价规范》（NY/T 1054—2013）标准已于2014年4月1日起正式实施。

产地环境是农产品赖以生存的环境要素，是影响绿色食品产品质量最基础的因素之一。近年来，随着我国工业、种植业、畜禽养殖业的发展及城乡人口的扩张，产地环境受到前所未有的压力，污灌、大气降尘、农业投入品、产地环境背景中所含重金属、持久性有机污染物等对农产品质量安全、生态环境及人体健康造成了严重威胁。科学合理的产地环境标准，是选择优良生态环境生产绿色食品的基本保证，对绿色食品申报、监管以及绿色食品基地建设可提供指导作用。

为配合标准的宣贯和使用，指导绿色食品基地的建设发展，特编写本书。本书共分为4章。第1章概括性总结了农业生态环境的定义、内涵及其基本要素；重点论述了农业生态环境中存在的、可能对农业生产安全产生影响的主要污染物；同时比较了国内外农业生态环境现状和发展趋势。第2章和第3章分别以NY/T 391—2013和NY/T 1054—2013为主线，逐一阐明了标准的内容及修订之处，并对主要条款和修改内容进行了解析说明。此外，考虑到标准应用时的关键技术和注意事项，本书还增加了实际操作部分，力求使读者能全面、准确的理解和使用标准。第4章分别论述了种植业、养殖业、加工业的基地选址、环境建设和污染防治的原则、注意事项和实用技术，从技术角度帮助绿色食品生产企业科学建立和保护生产基地，从源头保障绿色食品的安全和优质。

本书在编写过程中得到了中国绿色食品发展中心和中国农业出版社的指导和支持。该书从最初策划、基本框架到每一章节的主要内容，中国绿色食品发展中心的领导和中国农业出版社的编辑都提出了具体、准确的意见，促进了该书的早日出版，在此表示深深的谢意。

本书参阅和引用了大量公开发表的相关文献和研究成果。书中涉及的两个标准在修订过程中得到了中国绿色食品发展中心领导和多位同行专家的指导和建议，也得到了多家绿色食品企业的调研意见，使本书的编写更具有针对性和实用性。中国科学院沈阳应用生态研究所的专家和有关同事为本书提供了大量的基础资料，在此一并表示感谢。

在本书的编写过程中，作者试图做到内容科学严谨、理论性和实用性相结合，但因作者水平有限，加之编写时间仓促，书中如有错误和不当之处，恳请广大读者批评指正。

编　者

2015年11月

目 录

第1章 农业生态环境概述

1.1 农业生态环境的定义和内涵

近年来，随着世界各国对农业生态环境的日益重视以及学术界对其研究的不断深入，农业生态环境的定义得到了发展和完善。有学者指出“农业生态环境是指影响农业生产与可持续发展的水资源、土地资源、生物资源以及气候资源等要素的总和，是农业存在和发展的根本前提，是人类生存和社会发展的物质基础。这里的生态，更多地强调了农业生物之间以及生物与农业环境之间的相互关系和相互影响”。也有学者将农业生态环境与农业环境的定义等同，认为农业环境是指农业生物（包括各种栽培植物、林木植物、畜牧、家禽和鱼类等）正常生长繁育所需的各种环境要素的综合整体，主要包括水、土壤、空气、光照、温度等环境要素。此外，许多与农业生态环境相关的法律、条例或政策，也对农业生态环境的概念进行了明确的阐述。我国甘肃、江苏、福建等多个省制定的《农业生态环境保护条例》都规定了“农业生态环境，是指农业生物赖以生存和繁衍的各种天然和人工改造的自然因素的总和，包括土壤、水体、大气、生物等”。虽然学术界和地方法规对于农业生态环境概念的表述有所不同，但是主要思想是一致的，即：农业生态环境实际上就是对农业起直接作用的土壤环境、水体环境、大气环境以及生物资源为主的各种要素的综合。

1.2 农业生态环境的基本要素

1.2.1 土壤

土壤是农业生产的基本资料和人类赖以生存的物质基础。土壤环境是地球表层生态系统物质交换和能量转换的重要环境单元和中心枢纽。土壤环境质量维系着农产品质量、生物栖身质量和人居环境质量。现在世界各国达成广泛共识，即人类所有经济社会活动必须满足以下前提条件：维持土壤的生产功能、生态功能和环境功能，避免土壤质量退化，消除土壤营养和健康障碍，改善与提高土壤环境质量，保障食物安全、生态安全和人体健康。

土壤质量的定义为：综合表征土壤维持生产力、环境净化能力及保障动植物健康能力的量度。土壤质量主要包括3个方面：土壤肥力质量、土壤环境质量和土壤健康质量。土壤肥力质量是土壤提供植物养分和生产生物物质的能力，是保障粮食生产的根本；土壤环境质量是土壤容纳、吸收和降解各种环境污染物质的能力；土壤健康质量是土壤影响和促进人类和动植物健康的能力。土壤健康质量与土壤环境质量密切相关，是土壤环境质量在人类和动植物体上的反映。

土壤环境质量标准可分为3级：一级为保护区域自然生态，维持自然背景的土壤质量限制值；二级为保障农业生产，维护人类健康的土壤质量限制值；三级为保障农林生产和植物生长的土壤临界值。土壤质量标准应根据土壤pH的不同，根据土壤生产功能的不同（例如，水田、旱地和果园），分别确定其限制值。

1.2.2　水体

水是农业生产最积极、最活跃的因素。水分作为新陈代谢的反应物质，在光合作用、呼吸作用、有机物质的合成与分解过程中起着举足轻重的作用。水分是农作物对物质的吸收和运输的溶剂。一般来说，农作物不直接吸收固态的无机质和有机质。如肥料只有溶于水后才能被农作物根系吸收；细胞因含有大量水分，才能维持细胞的紧张度（膨胀），使农作物的枝、叶挺立，便于接受阳光和交换气体，同时也使花朵张开，有利于授粉；另外，通过叶片气孔，水分以气体的形式排出体外，可以降低温度，避免烧伤农作物；水分还是种子发芽出苗的重要条件之一。没有水分，农作物不可能生长发育，农产品的产量和质量更是无从谈起。

同时，水环境的好坏也会影响农业生态环境，二者相辅相成。众所周知，水本身具有一定的自净功能，之所以会形成水污染，一方面是自然原因，如由于雨水对各种矿石的溶解作用，火山爆发等状况产生的大量灰尘落入水体内，从而引起水污染；另一方面是人为原因，生活污水、农药、肥料和各式各样的废弃物全都向本来清洁的水体中排放，乱砍滥伐、耕作、水木工程等也造成了水土严重的流失，水体中增加了浮游物和溶解物，水质因此而恶化。

在实际生产中，根据水质用途分为农田灌溉用水、渔业用水、畜禽养

殖用水、加工用水、食用盐原料水质等。

1.2.3 空气

大气环境中存在大量颗粒物质和气体状态物质。颗粒物质主要包括PM10、PM2.5、总悬浮颗粒物等。气体状态物质包括氮气（N_2）、二氧化碳（CO_2）、硫化物（H_2S、SO_2）、碳氧化物（CO、CO_2）、氮氧化物（NO、NO_2）、碳氢化物（多环芳烃类）以及重金属气体铅等。

空气中含有丰富的CO_2是植物进行化合作用的必需原料，没有CO_2，光合作用无法进行，植物就无法生长。氮素是农作物生长过程中营养物质合成的重要元素。大气中含氮78%，大气中的氮主要通过生物固氮和氮沉降进入土壤和植物内，被植物吸收利用，还可能进一步成为动物的食粮。动物粪便和植物秸秆是大气—土壤—植物—动物氮循环的环节。现在通过人工合成氨固氮，制造出尿素、碳酸氢铵等一系列含氮肥料，通过土壤施用和叶面喷施加入这一循环中。因此，空气是农业生产必不可少的要素。

但是汽车尾气、火力发电站和其他工业的燃料燃烧及硝酸、氮肥、炸药的工业生产过程产生的有害气体，会对农业生产环境带来巨大危害。首先，因为农作物有庞大的叶面积同空气接触并进行活跃的气体交换；其次，植物不像高等动物那样具有循环系统，可以缓冲外界的影响，为细胞和组织提供比较稳定的内环境；再次，植物一般是固定不动的，不像动物可以避开污染。因此，大气污染物浓度超过植物的忍耐限度，会使植物的细胞和组织器官受到伤害，生理功能和生长发育受阻，产量下降，产品品质变坏，群落组成发生变化，甚至造成植物个体死亡。农作物受大气污染物的伤害一般分为两类：一是受高浓度大气污染物的袭击，短期内即在叶片上出现坏死斑，称为急性伤害；二是长期与低浓度污染物接触，因而生长受阻，发育不良，出现失绿、早衰等现象，称为慢性伤害。这些都会影响农产品的质量。

1.3 农业生态环境对农业生产的影响

1.3.1 重金属

随着社会工业化的快速发展，重金属污染问题日益突出。而重金属作为一类主要污染物，在生态系统中又具有分布范围广、持续时间长、不易在生物体内分解的特点。因此，目前重金属污染对绿色食品的生产产生了极大的威胁，其通过土壤、水、大气和食物等途径影响绿色食品生产主要表现在以下几个方面：

（1）重金属会改变农产品生长的微环境

土壤中的重金属会对土壤理化性质及土壤生物学特性产生不良影响，可使微生物区系内类群数量减少，酶活性降低，对土壤生物多样性及正常的土壤生态结构和功能造成破坏。例如，研究证实镉对真菌的抑制比较明显，对放线菌抑制不明显，而对固氮菌则有刺激作用；土壤铅含量为50mg/kg时，细菌受抑制明显，而放线菌时而受到抑制、时而受到刺激，固氮菌、真菌则受到明显刺激作用。有研究表明，镉对土壤中的多酚氧化酶有明显的抑制作用，对纤维素酶有促进作用，对脲酶、蔗糖酶有轻微的抑制作用；锌对纤维素酶、磷酸酶、过氧化氢酶活性有不同程度的抑制作用；铜对多酚氧化酶有抑制作用；铅对蛋白酶、脲酶、多酚氧化酶等多种酶类均有抑制作用；汞对脲酶、过氧化氢酶、蛋白酶活性均有抑制作用。

（2）重金属会对农产品产量和质量产生影响

吸收到植物体内的重金属能诱导其体内产生某些对酶和代谢具有毒害作用和不利影响的物质，间接引起植物伤害。如某些重金属胁迫下植物体内产生的过氧化氢、乙烯等类物质对体内代谢和酶活性具有负效应。重金属也能对植物带来直接伤害，如镉与含巯基氨基酸的蛋白质结合会引起氨基酸蛋白质的失活，对催化酶产生伤害，引起酶催化代谢的紊乱，甚至导致植物体死亡。重金属的胁迫也能导致植物矿质营养的缺乏，引起它们参与代谢、物质组成过程的紊乱失调，产生缺素症状。如大豆体内锌含量过高时，会导致铁的缺乏，使大豆叶片出现失绿的毒害症状，导致产量下降。重金属也可直接通过空气、水等对鱼、肉类绿色食品的产量和质量产生影响。如镉可通过消化道、呼吸道、皮肤等进入动物体内，对动物肝、肾、肺、骨骼等产生毒性，并蓄积在体内，影响动物的生长发育和生产性能，降低机体的抗病能力等，最终影响鱼、肉类绿色食品的品质及产量。

（3）重金属也可通过食物链对鱼、肉类食品产生影响

某些重金属如汞、铜、锌等，可通过食物链富集在高营养级动物体内。通过对三峡水库鱼类重金属监测发现，汞可在食物链中被鱼类生物放大。有学者对土壤—植物—不同食性昆虫系统中汞的生物地球化学迁移进行研究，发现汞能够沿着植物—植食性昆虫—肉食性昆虫的途径进行传递与累积，并且会逐级放大。

综上所述，重金属可影响农产品的生长微环境及农产品的产量和质量，并可通过食物链对鱼、肉类食品产生影响。因此，农业生产产地的土

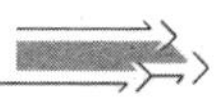

壤重金属污染问题应受到极大的重视。在进行绿色食品生产的过程中，应根据《绿色食品　产地环境质量》（NY/T 391）的规定，确保绿色食品产地土壤环境质量、水环境质量（包括农田灌溉用水、产品加工用水和畜禽饮用水）和大气环境质量符合要求。同时遵循《绿色食品　产地环境调查、监测与评价规范》（NY/T 1054），开展绿色食品产地重金属实时监测，建立科学的监测方法，严格控制潜在重金属风险，以满足绿色食品生产环境要求。

1.3.2　农兽药

中国作为一个农业大国，农兽药生产与消费量很大。我国农药的生产使用经历了 20 世纪 50 年代的砷、铅、汞制剂，60 年代至 80 年代初有机氯农药以及各类取代农药 3 个发展阶段。早期的砷、铅、汞剂及有机氯农药已分别于 20 世纪 70 年代初和 1983 年起陆续停止使用。虽说现在使用的取代农药具有广谱性、易降解的特点，但由于农药是化学品中毒性较高、环境释放率较大、影响范围广的物质，且由于品种繁多及可观的生产量和使用量，农药环境危害的形式与范围呈现新的特点。长期高强度地使用农药，致使生态环境不断恶化，生态系统结构和功能退化，对农业经济的可持续发展带来了严重的负面影响。随着生活水平的不断提高，肉类消费的巨大需求拉动我国经济动物规模逐年扩大，现代养殖业日益趋向于规模化、集约化，成为保障畜牧业发展必不可少的一环，直接推动兽药需求的不断增长。然而，由于科学知识的缺乏和经济利益的驱使，养殖业中滥用药物的现象普遍存在。滥用兽药的直接后果是导致兽药在动物性食品和环境中的残留，危害生态环境和人类的健康。

（1）高毒及具潜在毒性的高效农药是产生危害的主要农药

由于 DDT、六六六等有机氯农药在环境及人体中的残留时间长，对环境和人体造成了严重的危害。从 20 世纪 70 年代开始，西方国家率先禁止使用这些有机氯农药。中国在 1983 年开始限制使用有机氯农药，改用有机磷、菊酯类等取代农药。据近年对有机氯农药的监测结果表明，自 1983 年停止生产六六六和 DDT 以来，其在环境、作物及食品中的残留水平呈明显下降趋势，目前总体上已处于安全水平。

取代农药主要指有机磷和氨基甲酸酯类农药，在环境中毒性仍较大，但其具有降解迅速、低残留的优点。由于农药种类多样，性质功能各异，应用广，用量大，其环境影响与危害的范围、形式、程度呈现复杂多样、突发性强的特点。尤其在取代农药使用初期，取代农药的急性中毒与污染事故急剧上升。有关研究表明，我国目前农药对环境的排毒系数反而高于有机氯农药大量使用的1983年，其主要原因是甲胺磷、氧化乐果等高毒农药的大量使用。另外，取代农药对人体和生态环境具有的长期潜在效应也同样是值得关注的问题。

（2）“三致”效应与环境激素效应对生态环境具有长期危害和影响

高危农药具有“三致”效应，其致畸作用直接危害人类后代健康，致癌、致突变作用的潜伏期长达数十年以上。通过作物对环境中农药的吸收转运，经食物链传递，其具有的潜在毒性对人体健康造成较大的危害，且具有不可逆性。我国目前仍有一部分具有“三致”作用的农药品种在继续使用。值得注意的是，具有潜在毒性的农药，其急性毒性往往并不高，或者农药本身并不直接具有“三致”毒性，而是由其代谢产物或制剂中含有的杂质所致。因而，其危害性往往需经多年使用后方为人们所认识。如争议较多的林丹以前一直被认为较易分解、无明显残毒问题，但随着研究表明其能干扰胚胎发育，损害人体肝脏和中枢神经，因而1997年也被列入《PIC公约》（《关于在国际贸易中对某些危险化学品和农药采用事先知情同意程序的鹿特丹公约》）中。此外，有的化学农药还是主要的环境激素，进入动物和人体内后会干扰内分泌，使生殖机能异常。

（3）农药长期施用减少生物多样性，干扰微生物生态平衡

农药对害虫及其天敌如青蛙、蛇、鸟等同时产生作用，无法区分。在农药生产、施用量较大的地区，鸟、兽、鱼、蚕等非靶标生物伤亡事件时有发生。另外，使用的农药在食物链中转化、聚集，对处于食物链较高层次的生物产生更大的危险性。有关研究表明，长期使用农药后，生态系统发生的总的改变是生物多样性降低和某些种类生物量的减少。实践表明，农业害虫天敌逐年减少，需要施用更多的农药，形成恶性循环；而长期重复使用同类农药会加速分解农药的土壤微生物繁殖，使药效大大降低，增加了害虫抗性，迫使农药的用量和使用次数相应增加。这将导致生态系统稳定性的下降，生态平衡被打破，加大其发生环境危害的可能性，影响农业生产和农产品质量。

（4）农药结合残留具有潜在的环境危害

尽管目前我国所使用的农药中90%以上为高效、低残留农药，但仍有相当一部分农药与土壤形成结合残留物。有研究表明，农药在土壤中的结合残留量一般占施药量的20%～70%。如对硫磷为45%、阿特拉津为54%。大量事实证明，农药残留物与土壤的结合可使残留物暂时避免分解或矿化，但仍可因微生物、土壤动物的活动而释放出来。长期储存于土壤

中的结合残留农药一旦被活化后突然释放出来将产生难以预计的有害效应，如引起后茬作物危害和粮食污染；对土壤动物、微生物的影响；进入农田水系，在水生生物中累积。

中国在农药使用的管理和农药的控制方面落后于发达国家，1982 年颁布《农药登记规定》。1997 年经国务院批准，中国又颁布了第一部法规性的农药管理文件——《农药管理条例》，但是该条例的重点仍在农药生产、销售与使用方面，而没有涉及农药使用后对环境的污染、对人体的危害如何控制以及对相关农药品种的限制。

(5) 兽药滥用危害生态环境和人类健康

动物用药以后，药物以原形或代谢物的形式随粪、尿等排泄物排出。排入环境后，绝大多数兽药仍然具有活性，会对土壤微生物、水生生物及昆虫等造成影响。而兽药残留不仅可以直接对人体产生急慢性毒性作用，引起细菌耐药性的增加，还可以通过环境和食物链的作用间接对人体健康造成潜在危害。随着人们对动物性食品需求量的增加，动物性食品中的兽药残留也越来越成为全社会共同关注的公共卫生问题。兽药残留不但影响着人们的身体健康，而且不利于养殖业的健康发展和走向国际市场。必须在畜牧生产实践中规范用药，同时建立起一套药物残留监控体系，制定违规的相应处罚手段，才能真正有效地控制兽药残留的发生。

1.3.3　持久性有机污染物

持久性有机污染物（persistent organic pollutants，POPs），难以降解，可发生长距离迁移，并蓄积在环境中。POPs 具有“三致”效应，而且可能导致生物体内分泌紊乱、生殖及免疫机能失调。

目前，几乎所有人体内（甚至母乳中）都存在 POPs，POPs 已成为一个备受关注的全球性环境问题。2001 年 5 月，91 个国家政府签署《关于持久性有机污染物（POPs）控制斯德哥尔摩公约》（简称《公约》），开始全球协作解决 POPs 问题。目前已有包括中国在内的 150 多个国家签署了该公约。《公约》禁止生产和使用的 POPs 化学物质达 21 种，也规定了 POPs 的 4 个甄选标准（持久性、生物蓄积性、远距离环境迁移的潜力、不利影响），将会有更多的有机污染物被确定为 POPs 而加以控制和消除。

持久性有机污染物的特征决定了其长期滞留在环境中，并从水和土壤等自然环境逐步向生物体内转移，威胁到各物种。大气中 POPs 或者以气体的形式存在，或者吸附在悬浮颗粒物上，扩散和迁移，导致 POPs 的全球性污染。在德国，每天从空气中沉积落地的颗粒物中的二噁英在 5～

36pg TEQ/m³（TEQ 为总毒性当量，下同）。汽油和柴油引擎汽车的尾气颗粒物中都存在二噁英。在希腊北部，每天沉积落地的大气颗粒中二噁英和多氯联苯平均值分别为 0.52pg TEQ/m³ 和 0.59pg TEQ/m³，城市地区高于农业地区。水和沉积物是 POPs 聚集的主要场所之一，城市污水、水库、江河和湖海都存在 POPs。POPs 从水和沉积物通过食物链发生生物积累并逐级放大。土壤是植物和一些生物的营养来源，土壤中存在的 POPs 无疑会导致 POPs 在食物链上发生传递和迁移。世界各国土壤中都发现了 POPs，我国也发现土壤多环芳烃的空间分布不断增加。多环芳烃在不同土壤类型及不同区域土壤中含量及分布存在显著性差异，总的来说，依次为城区＞郊区＞农村。土壤中 POPs 的含量与工业生产、城市生活密切相关，与城郊土壤相比，农业土壤 POPs 的污染并不严重，但仍需要密切关注。

1.3.4 新型污染物

近年来，由于工业发展及人们生活方式多样化，环境中不断发现新型的污染物。新型污染物是指目前确已存在，但是尚无相关法律法规予以规定或者是规定不完善，危害生活和生态环境的污染物。这类污染物在环境中存在或者已经大量使用多年，但一直未被发现，或者没有相应法律法规监管，在发现其具有潜在危害效应时，它们已经以各种途径进入到全球范围内的各种环境介质，如土壤、水体、大气中。新型污染物具有很高的稳定性，在环境中往往难以降解并且很容易在生态系统中富集，对动植物和生态系统造成了潜在的危害。

(1) 全氟辛烷磺酸 (PFOS)

全氟辛烷磺酸（PFOS）具有持久性、长距离传输及广泛分布的特性，可在生物体内蓄积与放大，对动植物以及人体产生毒性效应。2006 年，欧盟发布《关于限制全氟辛烷磺酸销售及使用的指令》；2009 年，PFOS 及其盐类被列入《斯德哥尔摩公约》新增的持久性有机污染物优控名单。2010 年以来，在我国各种环境介质（水体、大气和固体介质等）和生物样品中均有不同程度的 PFOS 检出，我国人体血清中的 PFOS 水平相对高于其他国家，特别是东部沿海地区的 PFOS 污染水平明显高于其他地区。在动物组织中检出全氟辛基磺酸盐的报道越来越多，例如美国、日本和我国的沿海鱼类等。土壤全氟化合物主要来源于周边小型化工厂的排放以及大气的干湿沉降。

(2) 内分泌干扰物 (EDCs)

内分泌干扰物（EDCs）是指由于介入生物体内荷尔蒙的合成、分泌、

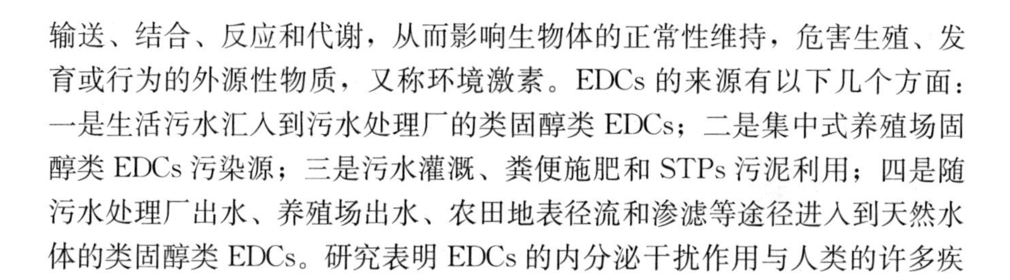

输送、结合、反应和代谢，从而影响生物体的正常性维持，危害生殖、发育或行为的外源性物质，又称环境激素。EDCs 的来源有以下几个方面：一是生活污水汇入到污水处理厂的类固醇类 EDCs；二是集中式养殖场固醇类 EDCs 污染源；三是污水灌溉、粪便施肥和 STPs 污泥利用；四是随污水处理厂出水、养殖场出水、农田地表径流和渗滤等途径进入到天然水体的类固醇类 EDCs。研究表明 EDCs 的内分泌干扰作用与人类的许多疾病相关，如繁殖率下降、肥胖、心脏病、糖尿病、免疫功能下降、肿瘤及神经缺陷等。

（3）医药品与个人护理（PPCPs）

医药品与个人护理（PPCPs）是医药品和个人护理品的统称，几乎包括了所有医药品（如抗生素、消炎药、镇静剂、抗癫痫药、止痛药、避孕药、减肥药等）、遮光剂、消毒剂以及各种日常生活个人护理用品（如化妆品、洗漱用品）等。PPCPs 进入环境中的途径主要有：一是人体护理品及药品或兽药的使用，这是环境中 PPCPs 来源最广的途径之一；二是农业废水、养殖废水和生活污水的直接排放；三是固体废弃物，例如家禽养殖场所排放的粪便，污水处理厂中的活性污泥等；四是 PPCPs 制造业。PPCPs 在环境中的难降解性和持续输入性使其呈现出一种“持久”存在的状态，通过不断累积放大，对人类健康和生态系统产生严重危害。

（4）甲基叔丁基醚（MTBE）

从 1979 年开始，发达国家开始研究以甲基叔丁基醚（MTBE）作为汽油添加剂替代四乙基铅。但进入 21 世纪以来，美国科研工作者首先发现 MTBE 可能是一种潜在的环境污染物质。使用添加 MTBE 的汽油，在汽车尾气中可检出甲醛。同时，MTBE 的强刺激性气味以及可能致癌作用直接影响到大气质量。另外，由于 MTBE 的水溶解性，车用油中3%～10%的 MTBE 易迁移到水环境中，渗入土壤并以辐射的方式向四周扩散。

（5）消毒副产物（DBPs）

在加氯消毒杀灭水中微生物、病菌及原生动物孢囊等时，氯能与水中的溶解性有机物发生反应而生成一系列的卤代化合物，即消毒副产物（DBPs）。DBPs 可以通过皮肤、饮食、呼吸等暴露途径进入人体，进而影响相关人体系统的变化，在人体的血液和尿液中都能检测到相应的生物标志物。

（6）多溴联苯醚（PBDEs）

多溴联苯醚（PBDEs）是一类包含有 209 种同系物的溴代二苯醚类化合物，作为阻燃剂已经被越来越广泛地添加到工业产品中，在其生产、使用和废弃过程中都会不同程度地释放到环境中。PBDEs在环境中不易分解，具有高脂溶性、低水溶性的特性，易于和颗粒物质结合，很容易在沉积物中蓄积。对大气、水体、沉积物、土壤等环境介质产生污染。

1.3.5　微生物

微生物包括细菌、真菌及一些小型的原生生物、显微藻类等生物群体和病毒。在生态系统中，微生物主要扮演“分解者”的角色，几乎参与环境中一切生物和生物化学反应，担负着地球碳、氮、磷、硫等物质循环的“调节器”、土壤养分植物有效性的“转化器”和环境的“净化器”等多方面生态功能。然而，在农业生产中，某些微生物会对土壤及农作物产生不良的影响，如黄曲霉、丁香假单胞杆菌、斯氏欧文氏菌等。主要表现在以下3个方面。

(1) 降低农产品产量

植物病原微生物（包括真菌、细菌、卵菌、病毒、线虫等）种类繁多，侵染性和传播性强，可以直接侵入，也可以从自然孔口和伤口侵入。空气、雨水和农事操作是其主要传播途径。因此，有些重大的植物病害发生面积大，流行性强，会导致粮食大量减产。如水稻病害一直严重影响水稻的生产。我国正式记载的水稻病害有70多种，其中，稻瘟病、纹枯病和白叶枯病是水稻的三大重要病害。如不能进行有效防治，将使水稻秧苗死亡、产量大幅度减产甚至绝收。

(2) 降低农产品品质

农产品在生产、加工和储藏过程中会受到各种微生物的污染，导致其品质劣化、营养价值降低，乃至霉变浪费，在经济上造成巨大损失。如牛乳是人类重要的营养食品，也是微生物最好的培养基。在乳制品生产和加工过程中，容易受到各种微生物的污染，它们能分解乳制品中的蛋白质和脂肪等成分而引起乳制品变质。

(3) 对农业环境造成污染

农业有害微生物还会污染环境，对动植物及人类造成长期的潜在威胁。例如：藻类可引起水体富营养化，造成水质恶化，水体产生有异味的有机物，形成水华或赤潮；同时致使水体缺氧，使鱼类及其他好氧生物不能正常发育和生长，甚至窒息而大量死亡。病原微生物还可以利用空气、水体、土壤作为驻留场所和传播疾病的媒介。农田常用粪尿、污水灌溉或施用垃圾类肥，可使植物带有病菌并引起植物发病，产生各种致病菌。

 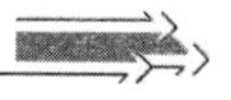

1.4　我国农业生态环境现状

中国是个农业大国，几千年来主要是自然生产的传统农业。随着国际先进技术的传播和我国工业的发展，也进入了高投入、高产出、高污染的发展阶段，工业污染的排放、化肥农药的滥用、固体废弃物的堆放等都对农业生态环境造成了极大的污染。20 世纪 90 年代初期，中国开始倡导绿色农业、有机农业生产的经营方式，经过 20 余年的发展，我国有机农业、绿色农业规模不断扩大，产业整体水平显著提升，部分地方已形成有机食品、绿色食品集中生产区域。近年来，虽然我国各级政府加大了对环境的保护措施和整治力度，出台了一系列法律法规，对农业生态环境的治理不断加强，已经取得了一定的成绩，但总体的农业生态环境仍在恶化，使农业生态环境变得越来越脆弱，从而制约着农业和农村的发展，使“三农”问题变得更加沉重。

1.4.1　种植业

根据国土资源部 2008 年土地变更调查，中国耕地总量为 18.26 亿亩*，水田约占耕地总量的 26.31%，旱地约占 73.69%。近年来，由于经济的发展，东部沿海地区和中部地区耕地总量在减少，农业种植结构也在发生着变化，与城市消费有直接关系的农作物面积快速增长，如蔬菜、瓜类、玉米，其他粮食作物种植面积均有不同程度的下降。目前，我国土壤，尤其是耕地，存在一些问题，已经威胁到了守住 18 亿亩耕地红线的国策。

(1) 土地荒漠化严重

我国是世界上土地荒漠化面积较大、分布较广、危害最严重的国家之一。由于失去大量绿色植被的覆盖，在风力侵蚀的作用下，我国土地的沙漠化面积就会迅速扩大。国家林业局发布的《中国荒漠化报告》显示：荒漠化面积 262.2km^2，占全国土地面积的 27.3%；同时在干旱、半干旱和亚湿润干旱区，土地荒漠化面积所占比例接近 80%，耕地、草地退化率分别达 40.0%和 56.6%，天然人工林大片的衰亡，塔里木河下游长达 180km 的胡杨林绿色长廊，因河水的大量减少而濒临灭绝；土地荒漠化面积以每年 2 460km^{2}的速度在扩大，受影响的范围约占国土面积的一半，

* 亩为非法定计量单位，1 亩≈667m^2。

涉及18个省（自治区、直辖市）。

例如，内蒙古自治区锡林郭勒盟位于我国的北部边陲，是我国最典型的草原分布区。由于该区域草原荒漠化越来越严重，不仅严重损伤了草原的生态功能，也使得耕地生态恶化加剧，阻碍农牧业生产。从锡林郭勒盟耕地整体荒漠化数量水平来看，2000年，耕地荒漠化总面积为155 742.64 hm^2，占耕地面积比重61.69%；2010年，耕地荒漠化面积为178 404.11 hm^2，占耕地总面积的72.82%。耕地荒漠化面积较大，所占比重有所上升。

(2) 水土流失严重

据《2014年中国环境状况公报》显示，全国水土流失总面积为294.91万 km^2，占国土总面积的31.12%。同时，泥沙淤积加剧了洪涝灾害，影响水资源的分配和有效利用，导致干旱程度加重。云南省是我国水土流失较严重的省份之一，全省水土流失面积为13.4万 km^2，占全省总面积的35%；年流失土壤5亿多t，是全国年流失土壤总量的10%。随着人口的急剧增长和人类活动的加剧，人地矛盾更加突出，促使土地开发向深度和广度无限制拓展，种植区域向山区半山区转移，开垦荒坡地面积不断增加。由于缺乏科学的坡地开垦规划，开垦标准低，因此土地产出率极低，同时造成严重的水土流失。

(3) 农田受污染面积大

目前，我国农业污染严重，首次全国土壤污染状况调查（2005年4月至2013年12月）结果显示，耕地土壤点位超标率为19.4%，其中轻微、轻度、中度和重度污染点位比例分别为13.7%、2.8%、1.8%和1.1%。2013年6月，社会科学文献出版社出版的《粮食安全——世纪挑战与应对》一书中写到，目前我国受污染的耕地约有1.5亿亩，占总耕地面积的8.3%。

①化肥施用存在问题。当季化肥利用率只有33%左右，普遍低于发达国家50%的水平；单位面积化肥用量强度大，化肥施用结构、方式、方法不尽合理，化肥利用率低等导致农田受到污染。而农业生产自身带来的污染因素包括含氮、磷等化学肥料的大量使用，农药的土壤吸收和持留以及畜禽废弃物排放、污水灌溉、农用地膜使用引入的多种有毒有害物质残留。由于设施农业土壤在经过种植一段时间后，土壤的团粒结构被破坏，土壤容重变小，熟化程度不断提高，导致土壤的物理性质变差。同时，由于设施农业对于化肥的大量使用使得土壤化学性质不断变差，发生土壤酸化严重、土壤养分失衡日益明显、土壤次生盐渍化严重等现象。最后使土壤中有害微生物的数量增加。

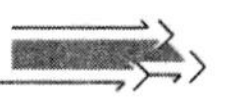

②农药的施用存在问题。我国是世界农药生产和使用第一大国，但有效利用率只有35%左右。农药施用量偏高，农药施用品种、结构不尽合理，农户用药不规范也不科学，农药施用效率低都会使农田受到污染。设施农业的土壤中环境温度较高、湿度较大，给各种微生物的繁殖提供了良好的环境，并且由于农民对土壤缺乏科学的管理使得土壤中的有害细菌、真菌得以大量繁殖。通过土壤的传播使得很多植株被感染，影响农作物的质量和产量的同时，加剧了农药的施用量。

③重金属污染问题。工业的不规范发展和废弃物任意排放堆放，导致土壤深度酸化、盐渍化，砷、汞、铅、镉等较高，形成极易迁移转化的形态。湖南是中国闻名的有色金属之乡，有色冶金、化工、矿山采选等行业占到全省工业的80%以上，镉稻米污染事例引起了社会的关注和恐慌；铅污染现象在很多地区也有发生，造成儿童血液和体液中检测出较高的铅含量。

④秸秆的利用存在问题。秸秆虽然是一种很好的饲料资源、肥料资源、原料资源，但没有得到充分利用，大部分秸秆还是以燃烧为主；大量秸秆堆存在地头、沟渠，使秸秆腐烂造成环境严重污染。

⑤地膜造成土壤污染。随着设施农业的发展壮大，农膜使用量急剧增加，导致土壤中农膜残留逐年的累积，不仅污染土壤，同时也妨碍耕作和农事操作，影响农作物生长发育，破坏耕作层土壤结构，并且阻碍了水肥的输导，影响土壤的通透性，已经对农业生态环境构成了重大威胁。《2014中国环境状况公报》显示，我国每年地膜使用量约为130万t，居世界第一，地膜的“白色革命”和“白色污染”并存。仅辽宁省全年地膜使用量就达到3.32万t，土壤农膜残留量为7 370t。

⑥设施农业的土壤问题。由于设施农业土壤利用率很高，几乎得不到休耕。第一，土壤物理性质变差。团粒结构被破坏，土壤容重变小，土壤中的非活性孔隙比例降低，因此容易出现板结现象，透气性和透水性均在不同程度上降低。第二，土壤的化学性质变差。大量的农药化肥使用，导致土壤酸化严重、土壤养分失衡日益明显、土壤次生盐渍化严重等现象。第三，土壤中微生物环境变差。环境温度较高、湿度较大，给各种微生物的繁殖提供了良好的环境，有害细菌、真菌得以大量繁殖，影响农作物的质量和产量。

1.4.2 养殖业

(1) 畜禽养殖业

随着人们生活水平的提高和农业产业结构的调整，畜禽养殖业向规模化、专业化、标准化方向发展。但畜禽养殖业在发展的同时也给生态环境带来了危害，家禽养殖业产生粪便、污水使空气和水体都受到了污染。此外，家禽养殖过程中过期的饲料、饲料袋、药品包装等，养殖过程中死掉的鸡、脱落的羽毛、浪费的饲料等，产品环节中的蛋壳、产品包装等，都对生态环境产生了影响。

畜禽养殖业带来的污染已成为我国日益严重的环境问题，其主要的特点为：畜禽废弃物产生量很大、畜禽废弃物对水质的污染相当严重、大气污染危害大、传播病菌容易引起人畜交叉感染、危害农田生态环境。

(2) 水产养殖业

随着工厂化养殖、深水网箱养殖、生态养殖的迅速发展，水产养殖业已经成为我国农业的重要组成部分和当前农村经济的主要增长点之一。但水产养殖业迅猛发展的同时也对水环境造成了极大的影响，水产养殖户为了追求高的密度、高的产量，只能提高投饲量和用药量，然而残饵、粪便的增加及药物残留使池塘中水体环境质量受到污染，从而对水产品的质量也产生了较大的危害。目前，我国养殖业已进入一个新的发展阶段，动物与人争土地、环境污染、食品安全、人畜共患病等一系列问题已成为日益关注的社会问题，这些问题将会严重阻碍经济发展、破坏环境、影响生态平衡，以至危害到人类的生存。因此，只有发展生态养殖业，加强无污染处理和公共卫生防疫建设，维持自然生态平衡和增强自然生态系统的自我更新调节能力，才能实现养殖业持续健康发展。

1.4.3 休闲农业

农业生态旅游是指以农业生产或资源为基础，尊重和保护自然生态环境为前提，鼓励游客参与观光、生产、体验的一种新型的旅游形式。从2006年的“中国乡村游”到2009年的“中国生态旅游年”主题，生态旅游、绿色旅游的号召逐渐被广大民众认识和接受。乡村游、生态游开始大力的发展，以农家乐、度假村、生态农业观光为标志，农业生态旅游开始“热”起来，已成为丰富旅游资源和拓展农业功能新平台。

然而，现有的农业观光旅游其经营基础仍然是常规农业，常规农业是一种粗放式的农业生产方式。这种粗放的农业生产方式既破坏了生态环境，也与旅游消费者期待的“生态”、“有机”、“绿色”背道而驰。具体来说，我国休闲农业存在以下问题：①盲目开发，没有进行科学论证和规划，就仓促建设或扩大面积，破坏了当地农业地形地貌，浪费自然资源；②由于配套设施不完善，观光农业产生大量的生活垃圾没有经过安全处

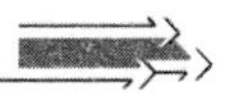

理，就随意堆放，严重污染农业环境。因此，休闲农业的发展也需要因地制宜，发挥产业融合优势，合理规划产业布局，改善基础设施条件，保证生产经营活动的影响绝不超过环境容量和承载力。

1.5　国外农业生态环境现状

国外现代农业发展有 3 种主要模式，即以美国为代表的规模化、机械化、高技术化模式，以日本、以色列等国为代表的资源节约和资本技术密集型模式及以法国、荷兰为代表的生产集约加机械技术的复合型模式。研究表明，一个国家发展现代农业的模式，主要由该国的土地、劳动力和工业水平决定。美国经济学家弗农拉坦用实证资料证明了这条规律，世界上劳均土地在 $30hm^2$ 以上的国家，基本上走的是机械技术型道路；劳均土地在 $3\sim30hm^2$ 的国家，走的是生物技术—机械技术交错型道路；而劳均土地不足 $3hm^2$ 的国家，多数走的是生物技术型道路。

欧美国家人口少、耕地多，适宜农场化管理经营和机械化生产，是全球最早进行生态农业实践和目前发展生态农业较为成功的地区。以美国为例，美国农业的生产方式和生产力水平都属世界最发达农业之列。美国农业之所以成功，有其得天独厚的农业资源的因素，但更是与经历百年的历史演化和市场竞争所形成的农业及相关产业的组织结构和经营机制构成的、有竞争力的生产方式密切相关。美国的农业以家庭农场为主，约占各类农场总数的 87%，合伙农场占 10%，公司农场占 3%（1987 年）。由于许多合伙农场和公司农场也以家庭农场为依托，因此美国的农场几乎都是家庭农场，可以说美国的农业是在农户家庭经营基础上进行的。

20 世纪 20 年代，德国农业学专家鲁道夫最先提出“生态农业”，指出了农业生态环境的重要性，然而当时并没有引起过多关注。自 20 世纪 60 年代起，随着人口、资源、环境、粮食、能源等问题的日趋严峻，发达国家开始大量投资用于环境改善和环境保护。1972 年，在瑞士首都斯德哥尔摩举行的第一届联合国人类环境会议通过了著名的《斯德哥尔摩环境宣言》，指出保护环境已成为人类一个紧迫的目标。20 世纪 80 年代中期以后，可持续发展理论被世界各国作为制定发展战略的指导思想，它既强调发展当前农业，而又不破坏生态平衡，兼顾当前与长远的利益，促进农业与农村实现可持续发展。由此可见，国外学者及时发现农业生态环境问题，并对环境保护与农业可持续发展的理论进行了大量研究。

1.5.1 欧洲

欧洲国家对于农业生态环境保护重要性的认识比较早，规定一部分的土地禁止耕种，使土地能够得到轮流休整的机会，确保耕种的土地健康发展。欧盟于 20 世纪 90 年代制定并实施了 6 个环境保护行动计划，对推进农业生态环境的保护给予加强。欧盟还将对农业补贴与环保标准的贯彻情况挂钩，对减少肥料和植物保护剂的使用及有利于环境和资源的生产技术也给予一定的补贴。奥地利、瑞士等国对农业生态环境的发展采取了政府扶持的政策，启动了“有机农业联邦计划”，对该国的农业生产采取经济上的资助，使得农业生态环境可以得到可持续的发展。德国、比利时等国由政府组织建立了相关的农业环境保护协会，对生态农业的优势进行定期宣传，扩大生态农业产品的同时更有效的起到保护农业生态环境的作用。德国还特别注意减少外部物质对农田的污染，从而减少对农田内外群落造成的不良后果，注意加强天然生物品种的保护，加强对自然景观的保护。英国在《能源白皮书》中提出发展低碳农业。低碳农业强调低碳减排，实施重点是资源节约、限制污染物的排放和优质高效的农业生产模式。低碳农业的发展意味着农产品向着绿色、有机的转变，农业生态环境越来越受到重视。

1.5.2 美国

20 世纪 20 年代起，美国农业开始进入“石油农业”发展模式。大规模的农业生产使美国农业得到了高速的发展。但同时也引发了一系列的农业生态环境问题。其一是农田灌溉引发的地面下沉和化肥、杀虫剂等渗入地下水造成污染；其二是杀虫剂对蜜蜂等生物生存产生的严重威胁；其三是土壤侵蚀、盐碱化甚至荒漠化的发生；其四是滥伐林木、滥垦草地致使水土流失，沙尘暴频现，空气质量下降。

这一系列农业生态环境问题促使美国农业发生重大变革。在发展现代农业方面，美国始终走在世界前列，特别是在生态农业方面，有着丰富的理论和实践经验。美国农业生态环境建设研究内容主要集中在生态农业的应用与综合协调的实践与推广方面。

美国在农业生态环境保护方面，为他人提供了很多借鉴。主要有以下 3 个方面。

(1) 重视农业生态环境保护立法

美国自从早期移民开垦土地，造成农业生态环境污染破坏以后，就着

 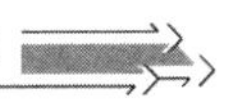

手对防治土壤污染、土壤侵蚀、水土流失等保护农业生态环境的方法、技术模式进行探索和研究，并通过立法加强对农业生态环境的保护工作。1953 年首次颁布了《水土保持法》，对土地开垦、耕作、工矿建设等带来的农业生态环境问题作了相应的规定。同时，其他法律法规对农业生态环境保护也作了规定。如 1936 年颁布的《防洪法》、1937 年的《标准土壤保持地区法》、1939 年的《农业拨款法》、1954 年的《农业保护和防洪法》、1956 年的《水土保持与国内分配法》、1962 年的《食物与农业法》、1969 年的《自然资源保护法》、《露天采矿植被恢复法》、1977 年的《水土资源保护法》、《清洁水法》等。

（2）科学地进行农业投入品的管理

美国的农业发展实践，使政府认识到科学合理地使用农业投入品，是保护农业生态环境、保障农产品安全的重要环节。根据《环保法》、《劳工法》等法律法规，美国联邦政府相关部门制定了一系列农业投入品管理和使用的具体办法，包括对农药进行登记注册；发放农药使用证，对使用者进行培训；州农业厅每年对各地农药使用情况进行检查等。

（3）对农地实行税收保护

美国采取多种税收优惠措施，主要包括对农地保留农业用途的退税、减税等优惠，以加大对农地的保护力度。

1.5.3　日本

在明治中期以前，日本还是个农业国，农业人口占总人口的一半以上，当时农民过着自给自足的生活。为了同自然灾害作斗争，从水灾和旱灾中夺粮，比较重视水土保持和山林的作用。20 世纪 50 年代以来，随着经济的发展，工业技术革新的成果不断进入农业领域，促进了农业技术革新和农业生产力的发展，同时也产生了许多负面影响，使农业生态环境恶化。在日本奉行“经济增长第一主义”理念下，日本陷入了环境危机之中，日本居民饱尝了环境污染的“苦难”，如汞污染的“水俣病”，保护环境的意识也从那时起显示出来并根植于日本民众的心。日本政府也感到事情的危害性和国民带来的压力，日本的企业也慢慢的随之清醒。20 世纪 70 年代开始，环境保护运动展示出了新的更强的生命力，循环型农业、有机农业、生态农业等随之产生。《再生法》、《有机食品生产标准》等法律法规，推动了日本农业生态环境的改善。1992 年，随着“环境保全型农业”概念的提出，日本开始减少化肥、农药等农业化学品对环境的负荷。从此，日本环境型农业进入全面实施阶段，通过植树造林储碳，减少能源使用量，减少能源消耗，特别是热机从使用石化能源向可再生能源转换；减少农业活动的温室气体排放，加强养殖业家禽牲畜粪便的管理和利用，防治森林火灾等。进入21世纪，日本政府制定的《环境白皮书》、《农药危害防治运动实施纲要》、2006年的《关于推进有关有机农业的法规》和2007年《关于有机农业推进的基本方针》对农业生态环境提出了更高的要求。

1.5.4 其他国家和地区

澳大利亚、新西兰以农牧业为主的现代农业发展迅速，他们重视自然生态平衡，要求农田、森林、牧地和水体有一定的比例，不能无限制地扩大耕地。农田轮作、轮歇，保持地力。大力推动有机农业，实行秸秆还田，提倡使用有机肥。植物保护实行综合防治，严格控制农药使用，农民喷药需经批准。

以色列位于亚洲西部的巴勒斯坦地区，水资源、土地资源和矿产资源都很贫乏，但以色列运用先进的沙漠温室技术和节水灌溉技术，解决了土壤盐碱化、用水难的问题，改善了恶劣农业生态环境。

韩国自1997年采取有机农产品标志和质量认证制度，1999年制定了《亲环境农业培育法》，2002年对环保型农产品实施义务认证制。按照农药、化肥使用量和农药残留量等对农产品实行分类严格的认证，追求在健康的农业生态环境下生产优质农产品。

总之，如今世界各国，都认识到了农业生态环境在人类社会发展中的重要性。而如何将农业生态环境保护作为可持续发展的目标，确保其健康有序地发展，是今后各国农业发展需要更加关注的问题。

第2章

《绿色食品　产地环境质量》解读

产地环境是农作物赖以生存的环境要素，是影响绿色食品产品质量最基础的因素之一。水、土、气是直接影响农产品质量的3个关键环境要素，科学合理的产地环境标准是绿色食品质量的保证。我国现行绿色食品产地环境技术条件标准NY/T 391—2000已经颁布十余年，对我国绿色食品生产起到了重要的推动作用。随着农业生态环境的变化和科学技术的发展，原有的标准在实际应用中，遇到了适用范围不全面、项目指标未覆盖等问题。为科学合理地评价绿色食品产地环境质量，正确选择符合绿色食品生产要求的环境条件，确保绿色食品的安全优质特性，重新修订《绿色食品　产地环境技术条件》标准，并改标准名为《绿色食品　产地环境质量》。

2.1　引言与范围

【标准原文】

引　　言

绿色食品指产自优良生态环境、按照绿色食品标准生产、实行全程质量控制并获得绿色食品标志使用权的安全、优质食用农产品及相关产品。发展绿色食品，要遵循自然规律和生态学原理，在保证农产品安全、生态安全和资源安全的前提下，合理利用农业资源，实现生态平衡、资源利用和可持续发展的长远目标。

产地环境是绿色食品生产的基本条件，NY/T 391—2000对绿色食品产地环境的空气、水、土壤等制定了明确要求，为绿色食品产地环境的选择和持续利用发挥了重要指导作用。近几年，随着生态环境的变化，环境污染重点有所转移，同时标准应用过程中也遇到一些新问题，因此有必要对 NY/T 391—2000 进行修订。

本次修订坚持遵循自然规律和生态学原理，强调农业经济系统和自然生态系统的有机循环。修订过程中主要依据国内外各类环境标准，结合绿色食品生产实际情况，辅以大量科学实验验证，确定不同产地环境的监测项目及限量值，并重点突出绿色食品生产对土壤肥力的要求和影响。修订后的标准将更加规范绿色食品产地环境选择和保护，满足绿色食品安全优质的要求。

1　范围

本标准规定了绿色食品产地的术语和定义、生态环境要求、空气质量要求、水质要求、土壤质量要求。

本标准适用于绿色食品生产。

【内容解读】

(1) 增设引言

绿色食品经过多年发展，原有指导思想及理念在生产实践中不断得到升华。面对国内外有机农业、生态农业的蓬勃发展态势，绿色食品面临新的发展机遇与挑战。在此背景下，修订标准增加引言，重申绿色食品发展背景和初衷，明确发展定位，强调绿色食品的全过程质量控制理念，应用生态学与可循环发展的操作模式，阐述绿色食品的发展不仅要关注产品安全、优质、营养特性，同时应追求通过良好的生产操作模式、有效地环境保护措施等来保证绿色食品生产基地的可持续发展能力。

标准遵循以下原则：

①科学性。在满足绿色食品可持续发展的基础上，设置的项目及指标科学采纳国内外先进标准及其研究成果，既满足要求又要控制生产和监管成本，凸显绿色食品安全优质的特性。

②适用性。满足绿色食品生产企业的申报、各级检测监测机构的检测、行政主管部门监管需求。

③生态友好性。关注满足绿色食品植物生长地、动物养殖地和加工原料来源地的空气环境、水环境和土壤环境要求，同时也要保护绿色食品生产周边环境，形成生物与生产环境友好的、可持续发展的生态循环。

(2) 适用范围

标准针对水、土、气三要素进行了规定。水质涵盖农田灌溉用水（包括水培蔬菜和水生植物）、渔业水质（淡水和海水）、畜禽养殖用水（包括养蜂用水）、加工用水（包括食用菌生产用水、食用盐生产用水等）以及食用盐原料水质（包括海水、湖盐或井矿盐天然卤水）等；土壤包括旱田和水田，增加了食用菌栽培的基质质量要求；土壤肥力，包括了水田、旱田、菜地、园地和牧地要求；空气质量是统一要求。所有参数和指标给出了检测方法。增设了“生态环境要求”。

（3）主要技术变化

①标准名称。原标准为《绿色食品 产地环境技术条件》，此次修订后，整个标准是有关绿色食品产地质量的要求（包括项目及指标值），与技术条件（包括性能指标和质量要求）的含义不相符，故修改为“绿色食品 产地环境质量”，英文名称为“Green food—Environmental quality for production area”。

②适用范围。由原标准监测“环境空气质量、农田灌溉水质、渔业水质、畜禽养殖水质和土壤环境质量”改为“本标准规定了绿色食品产地的术语和定义、生态环境要求、空气质量要求、水质要求、土壤质量要求”。原标准中“绿色食品产地土壤肥力分级，供评价和改进土壤肥力状况”改为“土壤监测项目内”。

③术语和定义。删除了原标准中“绿色食品、AA级绿色食品、A级绿色食品、绿色食品产地环境质量”这些熟知的绿色食品概念，增加了对大气标准状态描述的“环境空气标准状态”术语。

④要求。增加了生态环境要求；将空气质量要求中氮氧化物项目，改为二氧化氮项目；增加了农田灌溉水质要求中化学需氧量、石油类项目；增加了渔业水质淡水和海水分类，删除了悬浮物项目，增加了活性磷酸盐项目，修订了pH项目；畜禽养殖用水中原“细菌总数≤100个/L”改为“菌落总数≤100CFU/mL”，原“总大肠菌群≤3个/L”改为“总大肠菌群（MPN/100mL）不得检出”；增加“散养模式不检测色度、浑浊度、肉眼可见物、菌落总数”的规定；增加了加工用水水质要求，检测“pH、总汞、总砷、总镉、总铅、六价铬、氰化物、氟化物、菌落总数、总大肠菌群”项目；增加了食用盐原料水质要求，检测“总汞、总砷、总镉、总铅”项目；增加了土壤肥力要求，检测“有机质、全氮、有效磷、速效钾、阳离子交换量”项目；增加了食用菌栽培基质质量要求，检测“总汞、总砷、总镉、总铅”项目。

（4）标准修订过程

标准充分吸纳国内外相关标准和参考资料，包括美国、日本、荷兰、加拿大等国家（地区）的有关农产品及产地环境（大气、水质、土壤）标准，我国国家标准、行业标准及最新的科研成果文献。对2005年以来不同地域省份“三品”及其产地环境的10余万检测数据汇总和分析，并向科研院所、检测机构、行政管理部门及生产企业广泛征求意见，收集各方意见60余条，进行11次修改和调整，形成最终标准。

2.2　生态环境要求

【标准原文】

4　生态环境要求

绿色食品生产应选择生态环境良好、无污染的地区，远离工矿区和公路、铁路干线，避开污染源。

应在绿色食品和常规生产区域之间设置有效的缓冲带或物理屏障，以防止绿色食品生产基地受到污染。

建立生物栖息地，保护基因多样性、物种多样性和生态系统多样性，以维持生态平衡。

应保证基地具有可持续生产能力，不对环境或周边其他生物产生污染。

【内容解读】

绿色食品产地是绿色食品初级产品或产品原料的生长地。产地的生态环境质量状况是影响绿色食品质量安全的最基础因素。为确保生产出优质的绿色产品，首要基本条件是有一个优良的生态环境。本次修订为突显生态环境的重要性，特设独立一章。选择原则在原有“生态环境良好、无污染的地区”、“远离工矿区和公路铁路干线”、避开工业和城市“污染源”的影响、“具有可持续的生产能力”基础上，增加了设置缓冲带、保护生物多样性、可持续生产能力等方面。

【实际操作】

为保证绿色食品生产基地“生态环境质量”良好，选址要注重以下4个方面。

(1) 无污染

选择适合生态种养殖的区域，远离工矿区和公路、铁路干线的无污染地区，避开污染源，开展与周边环境相结合的农业生产模式。

 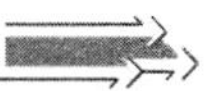

为满足大气产地的要求，要选择产地及产地周围没有大气污染源，特别是产地上风向没有污染源。如化工厂、水泥厂、钢铁厂、垃圾堆积场、工矿废渣场等，不得有有毒气体排放，不得有烟尘和粉尘，避开交通繁华道路。

为满足水质无污染的要求，产地一般应选择在地表水、地下水水质清洁、无污染物的区域；水域上游没有对该产地构成污染威胁的污染源；要远离对水体容易造成污染的工矿企业，对于某些因地质形成原因而导致水中有害物质（如重金属等）超标的地区，应尽量避开。

为满足土壤质量要求，要尽量选择产地位于元素背景值的正常区域，产地及其周围没有金属或非金属矿山，未受到人为污染，土壤中没有农药残留，而且具有较高的土壤肥力。对于土壤中某些有害物质元素自然本底值较高的地区，鉴于这些有害物质可转移并累计于植物体内，并通过食物链危害人类，不宜作为绿色食品产地。

(2) 隔离带

合理规划和设计种植区和非种植区的空间分布，在绿色食品和常规生产区域之间设置有效的缓冲带或物理屏障，通过生态缓冲区防止受到区域外污染的负面影响。

产地隔离带与产地组成一级生态系统，产地内构成二级生态系统。在不同的一级生态系统交界区域有产地内二级生态系统所没有的边缘种，边缘种与环境所组成的生态结构，比产地内的二级系统复杂，因而生态功能更强大，这种独特边缘效应，可以保护产地系统的稳定性。

隔离带可以是天然的，草地、树林、植物，或是水沟、山等地貌或地形；也可以是其他人工屏障，农田防护林、各种防洪、防尘、防风的建设。通过它们强大的生态调节功能，可有效地防止绿色食品生产区域外的大环境对绿色食品产区小环境的影响。例如，边界有林，就有利于防治水土流失，涵养水源，滋润土壤；边界有林有草，生物物种就会增多，通过鸟、黄鼠狼、蛇等防治病、虫、鼠害等，这些都是绿色食品产地持续发展的有利条件。

(3) 多样性

绿色农业生产不仅注重绿色食品产量与质量的提高，还强调通过合理的作物空间配置和农业管理保证生物多样性。通过作物种植搭配的时空异质性以及更加多样化的要素、生境和物种，促进农田基因多样性、物种多样性，避免单一种植带来的疾病和害虫的易感性，减少化学农药施用。

例如，通过不同品种水稻的混合种植，不仅实现了传统水稻品种的田间保护，还有效地抑制了稻瘟病的发生；在棉花地周围套种玉米和芝麻，芝麻用于驱赶蚜虫，玉米作为陷阱作物引诱飞蛾，避免飞蛾为害棉花，在棉花地中心播种小片谷子吸引鸟类，也同时促进了鸟类对棉田害虫的控制；坚持多年不施化肥、农药，仅使用有机肥，提高土壤中蚯蚓的数量，保证了土壤良好的肥力和物理状态。

(4) 可持续循环性

规范农业生产活动，严格按照绿色食品种植（养殖）生产操作规程执行，依据《绿色食品　农药使用准则》（NY/T 393）、《绿色食品　肥料使用准则》（NY/T 394）指导生产投入品使用。充分利用生态系统的自我调节与平衡能力，用相生相克、协调共生原理，在保证基地具有可持续生产能力的同时，确保不对环境或周边其他生物产生污染，保证资源和生产过程的持续循环性。

肥料使用方面，秉持安全优质、化肥减控、有机为主的原则：肥料施用不对作物的营养、品质、抗性产生不良后果；在保障植物营养有效供给的基础上减少化肥使用量，兼顾元素之间的比例平衡，无机氮素用量不得高于当季作物需求量的一半；以农家肥料、有机肥料、微生物肥料为主，化学肥料为辅助。

农药使用方面，以保持和优化农业生态系统为基础，建立有利于各类天敌繁衍、不利于病虫害孳生的环境条件，提高生物多样性；优先采用农业措施，如抗病虫品种、种子种苗检疫、培育壮苗、中耕除草、耕翻晒垡、清洁田园等；尽量利用物理和生物措施，如用灯光、色彩诱杀害虫，机械捕捉害虫，释放害虫天敌，机械或人工除草等；必要时合理使用低风险农药。

作物栽培方面，安排种植计划和地块时，尽量采用轮作，减少连作；轮作作物应选择不同类型、不同科属的作物，以避免有相同的病虫，合理间作套种。

2.3　空气质量要求

【标准原文】

5　空气质量要求

应符合表1要求。

 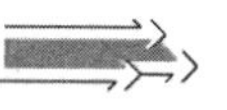

表1 空气质量要求（标准状态）

项目	指标		检测方法
	日平均[a]	1小时[b]	
总悬浮颗粒物，mg/m^3	≤0.30	—	GB/T 15432
二氧化硫，mg/m^3	≤0.15	≤0.50	HJ 482
二氧化氮，mg/m^3	≤0.08	≤0.20	HJ 479
氟化物，$\mu g/m^3$	≤7	≤20	HJ 480

[a] 日平均指任何一日的平均指标。

[b] 1小时指任何一小时的指标。

【内容解读】

大气污染是指大气中一些物质的含量达到有害程度，以至破坏生态系统的正常运行和发展，对人体、生命及生物造成危害。大气污染来源于植物生长地面以上空间，可分成天然污染和人为污染，主要是工业废气的排放及能源的燃烧、交通运输过程排放废气和农药化肥等其他污染。国际上通用制定原则是遵循世界卫生组织（WHO）发布的空气质量准则（Air Quality Guidelines，AQG）的空气环境基准值基础上，根据各国国情制定标准。

（1）修订依据

空气质量标准规定的污染物分为2类，一类是普遍存在的污染物，即所有人群都暴露其中的污染物，主要为SO_2、CO、NO_2、O_3、PM10、PM2.5、总悬浮颗粒物（TSP）；另一类是有毒有害污染物，如Pb、B[a]P、C_6H_6等。由表2-1可以看出，各国标准也主要围绕这2类物质设定。

表2-1 国内外环境空气质量标准中各项污染物指标要求汇总

项目＼标准	WHO	美国	欧盟	GB 3095—2012	GB 3095—1996	NY/T 391—2000
PM10	√	√	√	√	√	—
PM2.5	√	√	√	√	—	—
臭氧	√	√	√	√	√	—
SO_2	√	√	√	√	√	√
NO_2	√	√	√	√	√	
NO	—	√	√	√	√	—

（续）

项目 \ 标准	WHO	美国	欧盟	GB 3095—2012	GB 3095—1996	NY/T 391—2000
Pb	—	—	√	非基本项目	√	—
苯并［a］芘	—	—	—	非基本项目	√	—
总悬浮颗粒物	—	—	—	非基本项目	√	√
氮氧化物	—	—	—	非基本项目	√	√
氟化物（F）	—	—	—	非基本项目	√	√
苯	—	—	√	—	—	—
镉	—	—	√	非基本项目	—	—
砷	—	—	√	非基本项目	—	—
镍	—	—	√	—	—	—

农业生产区域空气中来源于公路、工矿企业的 CO、Pb、B［a］P、C_6H_6 等污染物浓度含量与污染源的距离成显著正相关，由于绿色食品生产基地的选址要求，远离公路、工矿企业等污染源，因此，CO、Pb、B［a］P、C_6H_6 等不作为农区空气的监测参数。但相对而言，SO_2、TSP、NO_2 和氟化物（F）污染来源多，与农作物生长关系密切，常用来作为农区空气污染动态监测的主要参数。借鉴 WHO、美国、欧盟、GB 3095—2012 标准，根据我国农业生产现状，有代表性地选取 SO_2、NO_2、总悬浮颗粒物、氟化物 4 个项目，具体见表 2 - 2。

表 2 - 2 NY/T 391—2000、GB 3095—1996、GB 3095—2012 项目比较

项目 \ 标准	GB 3095—1996	GB 3095—2012	NY/T 391
SO_2	基本项目	基本项目	保留
总悬浮颗粒物	基本项目	非基本项目	保留
氮氧化物	基本项目	2000 年修订时，取消 2012 年，不是全国范围内实施的基本项目，是其他项目	二氧化氮替代
氟化物	基本项目	非基本项目	保留

①NO_2 替代氮氧化物。氮氧化物种类很多，主要是 NO 和 NO_2，而且是常见的大气污染物。天然排放的氮氧化物主要来自土壤和海洋中有机

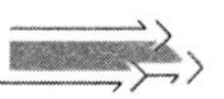

物分解，人为源主要来自化石燃料的燃烧过程、硝酸生产及使用等。在高温燃烧条件下，氮氧化物中 NO 含量约 95%，NO 极易与空气中的氧气发生反应，产生 NO_2。在湿度较大或有雨雾存在时，NO_2 进一步与水分子作用形成硝酸而降落，是酸雨的重要来源。当 NO_2 与 SO_2 同时存在时，可以相互催化，形成酸雨的速度更快。NO_2 进入叶片后，与附于海绵组织细胞表面的水分结合，生产亚硝酸或硝酸；当酸的浓度达到一定程度时，会使作物细胞受害。所以监测 NO_2 更直观有效。GB 3095—1996 版本在 2000 年修订时，已取消氮氧化物，在 GB 3095—2012 版本中，设置 NO_2 为全国范围内实施的基本项目，而氮氧化物仅仅是其他项目。所以此次修订采用 NO_2 代替氮氧化物。

②保留氟化物项目。大气中氟化物对农业生态系统的影响仅次于 SO_2，江苏、浙江、广东、云南、海南等省均发生过由于氟化物严重伤害植物造成巨大经济损失的事件。氟化物对污染源附近的生态环境，尤其是对牧草、农作物、桑树叶等产生影响，并进而影响牲畜和蚕的生长。

植物对大气中的氟化物有强烈的聚积作用，大气中含氟$<0.8\mu g/m^3$，即可在植物中富集到 $200\mu g/g$，富集系数高达 200 万倍。空气中的氟化物以气态形式通过植物叶孔进入植物体内，由于卤族元素的特异活泼性，叶绿素会受到伤害，光合作用长期受到抑制，会使某些酶钝化而失去活性；同时也可随着颗粒物沉积在植物叶面上，这种沉淀可通过食物链影响动物和人体健康。《大气环境质量标准》（GB 3095—82）制定时，决定将氟化物等具有局地污染特征的污染物项目作为地方环境空气质量标准的指标。为了加大控制力度，《环境空气质量标准》（GB 3095—1996）制定时将其纳入国家标准指标。自该标准实施以来，包头等氟化物重污染地区长期坚持氟治理，污染物浓度水平已经显著下降。在这种情况下，《环境空气质量标准》（GB 3095—2012）中将氟化物指标从基本项目转为地方政府可自行选择的监测项目。但考虑到全国范围内近些年城市及乡镇的重工业污染情况以及氟化物的危害性，此次修订仍保留氟化物项目。

③保留 SO_2 项目。空气中 SO_2 污染，具有腐蚀性和强烈的刺激性气味，SO_2 在大气中极不稳定，在相对湿度较大且有催化剂存在时，可发生催化氧化反应，生成 SO_3，进而生成硫酸或硫酸盐，是酸雨的主要因素。我国已成为继北美、欧洲之后的世界第三大酸雨区，且酸雨面积仍呈现加快发展的趋势。中国气象局酸雨监测网的资料显示，1993 年以来，中国

南方酸雨区的范围基本保持不变，但北方尤其是华北地区的降水酸化明显，近几年部分省市站点的酸雨频率和强酸雨频率达到有观测以来的最高值。典型的 SO_2 伤害症状出现在植物叶片的脉间，呈现不规则的点状、条状或块状坏死区。硫酸盐在大气中可存留 1 周以上，能够飘移到1 000 km 以外，造成远离污染源以外的区域性污染。因此保留 SO_2 项目。

④保留总悬浮颗粒物项目。颗粒物通过干湿沉降对生态系统产生影响，在植物和土壤上的沉积可以产生直接或间接的生态系统反应，导致生态系统结构形态和生态过程功能的改变。颗粒物中的硫酸盐和硝酸盐通过沉降进入土壤后，改变能量流和营养物质循环，抑制营养物质吸收，改变生态系统结构和影响生态系统多样性。

我国西北地区总悬浮颗粒物污染严重，而且近年来城市大规模基础设施建设过程中的扬尘污染也较重，农业由于干旱缺雨、交通运输所造成的颗粒物污染日益严重。所以此次修订保留总悬浮颗粒物项目。

(2) 项目指标值

综合国内外环境空气质量标准中污染物指标值（表 2-3），结合实际监测情况，参考 GB 3095—2012 日平均、1h 指标值，具体指标值见表2-4。

表 2-3 国内外环境空气质量标准中各项污染物指标要求汇总

项目	类别	WHO	美国	欧盟	GB 3095—2012	GB 3095—1996	NY/T 391—2000
SO_2（mg/m^3）≤	1h 平均	—	0.075	0.35	0.50	0.50	0.50
	3h 平均	—	0.5	—	—	—	—
	24h 平均	0.125	—	—	—	0.15	0.15
	年平均	—	—	—	—	0.06	—
	10min	—	—	—	—	—	—
NO_2（mg/m^3）≤	1h 平均	0.2	0.1	0.2	0.20	0.12	0.20
	24h 平均	—	—	—	0.08	0.08	0.08
	年平均	0.04	0.053	0.040	0.04	0.12	—
总悬浮颗粒物（mg/m^3）≤	24h 平均	—	—	—	0.30	0.30	0.30
	年平均	—	—	—	0.20	0.20	—
氟化物（$\mu g/m^3$）≤	24h 平均	—	—	—	7	7	7
	1h 平均	—	—	—	20	20	20

表 2-4 环境空气中各项目的指标要求（标准状态）

项目	指标	
	日平均[a]	1h[b]
总悬浮颗粒物（mg/m^3）≤	0.30	—
二氧化硫（mg/m^3）≤	0.15	0.50
二氧化氮（mg/m^3）≤	0.08	0.20
氟化物（$\mu g/m^3$）≤	7	20

注：a. 日平均指任何一日的平均指标。

b. 1h 指任何一小时的指标。

氟化物限量值略有修改。NY/T 391—2000 标准中，氟化物日平均指标有 2 个，≤7$\mu g/m^3$ 是应用 HJ 480—2009 滤膜采样—氟离子选择电极法进行检测，适用于空气中氟化物小时浓度和日平均浓度的测定；≤1.8$\mu g/(dm^2 \cdot d)$（挂片法）是应用 HJ 481—2009 石灰滤纸采样—氟离子选择电极法进行检测，适用于空气中氟化物长期平均污染水平的测定。NY/T 1054—2013 监测规范中规定，空气质量监测采样频率为每天 4 次，上午、下午各 2 次，连续采集 2 天。此监测数据只适用于 HJ 480，不适用于 HJ 481。因此，本次去掉≤1.8$\mu g/(dm^2 \cdot d)$（挂片法）限量值。

【实际操作】

（1）空气监测中的质量控制要求

①监测时间与频次控制：在监测过程中不定期巡视采样设备工作状况，准确控制采样器流速和采样时间。

②监测数据有效性质质量控制：做好采集样品的保存与运输，在规定时间内运达实验室完成测试环节，通过空白实验和标准曲线的进行数据质量控制。

③定期进行检测仪器，校准装置，标准溶液等的质量检查与校准。

④数据复核与审核。

（2）空气监测方法要点与注意事项

①SO_2 检测。HJ 482 通过气泵压缩动力采样（采样器及 SO_2 吸收瓶见图 2-1），采用甲醛吸收—副玫瑰苯胺（PRA）分光光度法测定空气中的 SO_2。反应原理如下：

本方法的主要干扰物为氮氧化物、臭氧及某些重金属元素。加入氨磺酸钠可消除氮氧化物的干扰；采样后放置 30min 使臭氧自行分解；加入磷酸及环己二胺四乙酸二钠盐可以消除或减少金属离子的干扰。

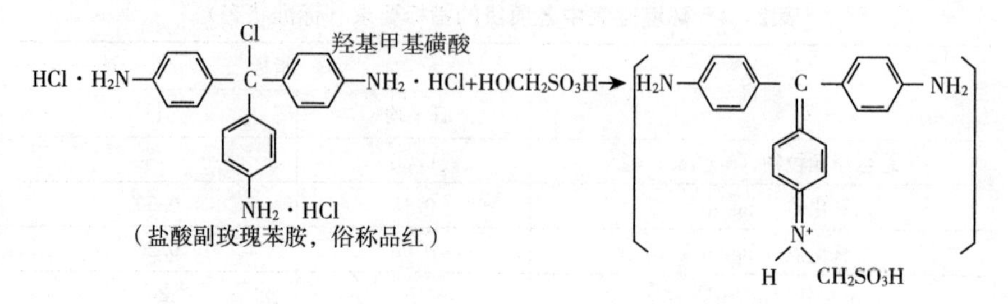

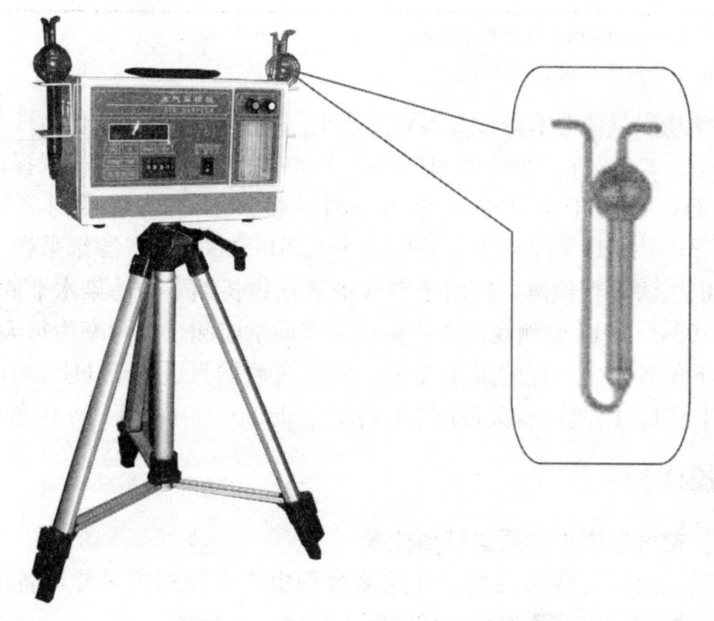

图 2-1　空气采样器及 SO_2 吸收瓶

注意事项：

a. 采样后，吸收液应保存在 0～4℃条件下，并在 24h 内完成测试。

b. 显色温度、显色时间是本实验的关键。应根据实验室条件、不同季节室温选择适宜的显色温度及时间，严格控制反应条件。当在 25～30℃显色时，不要超过颜色稳定时间，否则测定结果偏低。

c. 显色反应需在酸性溶液中进行，A 管与 B 管应迅速混合，使混合液在瞬间呈酸性，以利反应进行。

d. 盐酸副玫瑰苯胺（PRA）溶液的纯度对试剂空白液吸光度影响很大，PRA 经提纯后，试剂空白值显著下降。

e. NaOH 及其溶液易吸收空气中 SO_2，使空白值升高，应密封保存。显色用各试剂及溶液配制后应分装成小瓶使用，操作中注意防止“交叉污

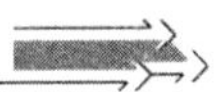

染”。

f. 因 Cr^{6+} 能使紫红色化合物褪色，使测定结果偏低，故应避免用硫酸一铬酸洗液洗涤器皿。若已洗，可用（1+1）盐酸溶液浸泡 1h 后，用水充分洗涤，烘干备用。

g. 用过的比色皿及比色管应及时用酸洗涤。具塞比色管用（1+1）盐酸溶液洗涤，比色皿用（1+4）盐酸溶液加 1/3 体积乙醇的混合液洗涤。

②总悬浮颗粒物检测。目前对 TSP 的监测仅限于其形态上的测定，因此，常采用动力法采样、重量法测定。对 TSP 组成及危害的分析目前常规监测尚未涉及。本次标准规定采用《环境空气 总悬浮颗粒物的测定 重量法》（GB/T 15432）。原理是抽取一定体积的空气，使之通过已恒重的滤膜，悬浮微粒被阻留在滤膜上，根据采样前后滤膜重量之差及采气体积，即可计算总悬浮颗粒物的质量浓度。采样器及滤膜见图 2-2。

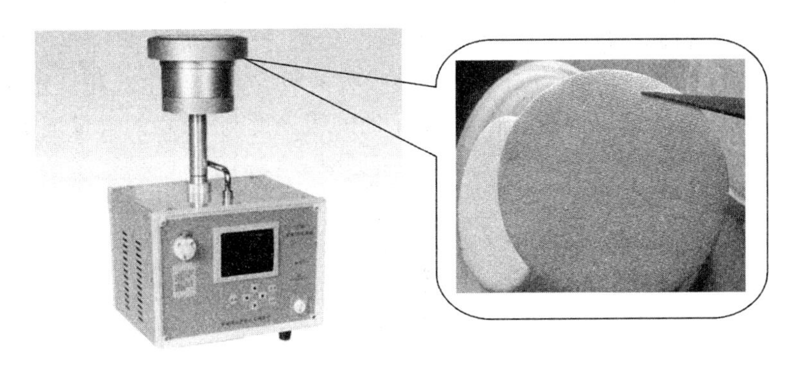

图 2-2 TSP 采样器及采样滤膜

注意事项：

a. 滤膜称重时的质量控制：取清洁滤膜若干张，平衡 24h 后称重。每张滤膜重复称重 10 次，每张滤膜的平均值为该张滤膜的原始质量，此为“标准滤膜”。每次称清洁或样品滤膜的同时，称量两张“标准滤膜”，若称重在原始质量±5mg 范围内，认为该批样品滤膜称量合格，否则应检查称量环境是否符合要求，并重新称量该批样品滤膜。

b. 要经常检查采样头是否漏气，当滤膜上颗粒物与四周白边之间的界线逐渐模糊，表明应更换面板密封垫。

c. 称量不带衬纸的聚氯乙烯滤膜时，在取放滤膜时，用金属镊子触一下天平盘，以消除静电的影响。

③氟化物检测。测定大气中氟化物的方法有吸光光度法、滤膜（或滤纸）采样—氟离子选择电极法等。本次标准采用《环境空气 氟化物的测定 滤膜采样氟离子选择电极法》（HJ 480），该方法原理是已知体积的空气通过磷酸氢二钾浸渍的滤膜时，氟化物被固定或阻留在滤膜上，滤膜上的氟化物用盐酸溶液浸溶后，用氟离子选择电极法测定。采样器及采样滤膜同 TSP，见图 2-2。

注意事项：

a. 不得用手指触摸电极膜表面，浸提液中氟离子浓度不大于 40mg/L。

b. 避免电极表面被有机物污染，如果电极表面被有机物等沾污，可用甲醇、丙酮等有机试剂或洗涤剂清洗。例如，可将电极浸入温热的稀洗涤剂（1 份洗涤剂加 9 份水），保持 3～5min。必要时，可再放入另一份稀洗涤剂中。然后用水冲洗，再在（1＋1）的盐酸中浸 30s，最后用水冲洗干净，用滤纸吸去水分。

④NO_2 检测。HJ 479 采用盐酸萘乙二胺分光光度法测定空气中的 NO_2。方法的原理是空气中的 NO_2 被吸收液吸收并反应生成粉红色偶氮染料。生成的偶氮染料在波长 540nm 处的吸光度与 NO_2 的含量成正比。采样器同 NO_2 检测（图 2-1），吸收瓶见图 2-3。

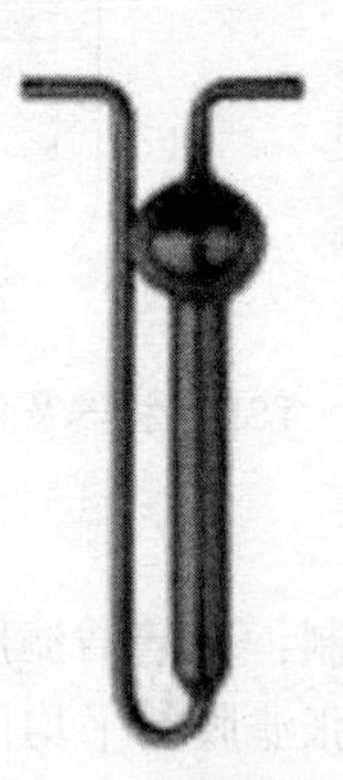

图 2-3 二氧化氮吸收瓶

注意事项：

a. 采样后样品于 30℃暗处存放可稳定 8h；于 20℃暗处存放可稳定 24h；于 0～4℃中冷藏可稳定 3d，应尽快测定样品的吸光度。

b. 空白试验与采样使用的吸收液应为同一批配制的吸收液。

c. 空气中臭氧浓度超过 0.25mg/m^3 时，使吸收液略显红色，对 NO_2 的测定产生干扰，采样时应在吸收管入口端接一段 15～20cm 长的硅胶

管，即可将臭氧浓度降低到不干扰 NO_2 测定的水平。

d. 显色液配制用水应为新制备蒸馏水，配制后的显色液应密封保存在棕色瓶中，如显色液已呈淡红色，应重新配制。

2.4 水质要求

2.4.1 农田灌溉水

【标准原文】

6 水质要求

6.1 农田灌溉水质要求

农田灌溉用水，包括水培蔬菜和水生植物，应符合表 2 要求。

表 2 农田灌溉水质要求

项目	指标	检测方法
pH	5.5～8.5	GB/T 6920
总汞，mg/L	≤0.001	HJ 597
总镉，mg/L	≤0.005	GB/T 7475
总砷，mg/L	≤0.05	GB/T 7485
总铅，mg/L	≤0.1	GB/T 7475
六价铬，mg/L	≤0.1	GB/T 7467
氟化物，mg/L	≤2.0	GB/T 7484
化学需氧量（CODcr），mg/L	≤60	GB 11914
石油类，mg/L	≤1.0	HJ 637
粪大肠菌群[a]，个/L	≤10 000	SL 355

[a] 灌溉蔬菜、瓜类和草本水果的地表水需测粪大肠菌群，其他情况不测粪大肠菌群。

【内容解读】

农田灌溉水主要来源于地表水、地下水、处理后的养殖业废水及以农产品为原料加工的废水。我国农田种植面积大，需水量大，但水资源不丰富，且污染越来越严重。通过矿山开采、金属冶炼加工、化工废水的排放、农药化肥的滥用，生活垃圾的弃置等人为污染及地质侵蚀、风化等天然源形式进入水中的各种污染物，作物吸收后都会被生物富集且有生物放大效应，进而严重危害人类及各类生物的生存，因此有必要进行监测。

（1）pH

受到污染的水质中常含有大量酸、碱类物质。作物生长需要适宜的pH，酸碱除直接影响植物生长外，还会使一些营养物质被淋失或被土壤固定，造成植物缺乏养分而致害；或吸收了有毒的元素，造成生理危害，这些都是导致植物死亡的原因。pH 小于 4 或大于 9 时，对农作物均会产生不良影响。用 pH 小于 3 或大于 11 的水灌溉作物，作物很快死亡。大部分栽培植物喜欢在弱酸性和弱碱性条件下生长。它们对 pH 的适应范围为 4～9，最宜范围为 5～8.5。不同作物对 pH 的要求不同。因此，要求灌溉水的 pH 允许范围是 5.5～8.5。

（2）重金属

农田灌溉水中重金属对作物有很强危害，长期灌溉可造成土壤污染，危害农作物。当灌溉水中或土壤中含有一定量重金属时，可被农作物吸收并在土壤中累积，其吸收量和累积量随灌溉水中浓度、灌溉量和污灌年限的增加而增加。

①汞。灌溉水中含汞 0.005mg/L，则汞在土壤表层即有积累，土壤中汞含量随灌溉水中汞浓度增加而增加。考虑到汞的毒性较大，长期灌溉既污染土壤，又污染农产品，因此，农田灌溉水中汞指标限量为 0.001mg/L。

②镉。镉具有水溶性强的特点，在降水时，含镉高的露天矿区、露天堆放的矿山废料以及城市周边堆放、填埋垃圾中的镉就会随着雨水淋溶、释放至土壤、地下水和地表水中，造成土壤和水污染。灌溉水中的镉易于被农作物吸收和富集，从而影响其质量安全。

③砷。灌溉水中砷含量在 0.05mg/L 以上使水稻减产 15.9%，0.1mg/L 以上使油菜减产 10.3%，水稻、油菜减产百分率随砷浓度的增高而增加。用含砷 0.25mg/L 的水灌溉水稻，开始在糙米中出现残留。含砷 0.5mg/L 的水灌溉油菜，开始在油菜中出现砷残留。含砷 0.5mg/L 以下的灌溉水对水稻、油菜生长影响不明显；含砷 0.5mg/L 以上的水对水稻、油菜生长有抑制作用，抑制程度随砷的浓度增高而加大。

④铅。含铅污水灌溉农田，会抑制植物生长。当污灌水中铅的浓度为 50mg/kg 左右时，会对水稻产生毒害作用。铅对植物毒性比砷、铜小。作物可以通过根吸收土壤或灌溉水中的铅，并主要积累在根部，只有极少部分转移到地上部。

⑤六价铬。含六价铬的灌溉水对水稻、小麦种子的萌发及其生长发育

都有一定影响。水稻、小麦均能吸收灌溉水及土壤中的铬。吸收的铬主要积累在根中，其次是茎叶，少量积累在籽实里。

鉴于汞、镉、铅、砷、六价铬毒性较大以及对农作物生长、产量的影响和土壤、农产品中的残留特性，确定在农田灌溉水质限量值不变。

(3) 氟化物

氟污染来源比较广泛，微电解填料含氟产品的制造、焦炭生产、电子元件生产、电镀、玻璃和硅酸盐生产、钢铁和铝的制造、金属加工、木材防腐及农药、化肥生产等过程中都会排放含有氟化物的工业废水。氟化物污染且浓度超过一定量时，首先会影响农作物的生长，使农产品有毒物质含量增高，继而通过食物链影响人的身体健康。规定限量值≤2.0mg/L。

(4) 粪大肠菌群

农田灌溉水中微生物中检测粪大肠菌群，主要是针对灌溉蔬菜、瓜类、草本水果的地表水。对于“粪大肠菌群”这一参数，本标准在表2注中特别指出，“灌溉蔬菜、瓜类和草本水果的地表水需测粪大肠菌群，其他情况不测粪大肠菌群”。针对这一标注可以理解为：只有当用地表水灌溉蔬菜、瓜类和草本水果时才测定粪大肠菌群，如用地下水等灌溉蔬菜、瓜类和草本水果则不需要测定粪大肠菌群。同时，蔬菜、瓜类外的其他农作物类型，如水稻、玉米及苹果、桃等非草本水果也不需测定粪大肠菌群。该表标注的设定是考虑到蔬菜、瓜类和草本水果的特殊种植方式和生长及食用特点，如果灌溉所用地表水中受到粪大肠菌群的污染，其产品质量安全存在一定风险，因此进行了有针对性的指标设定。

(5) 化学需氧量和石油类

本次修订中除了保留原标准中pH、总汞、总镉、总砷、总铅、六价铬、氟化物和粪大肠菌群参数外，本次修订增加化学需氧量、石油类2项检测指标。

①化学需氧量COD_{cr}。COD_{cr}是在一定的条件下用强氧化剂氧化水样时，所消耗该氧化剂量相当的氧的质量浓度，以mg/L表示。它是指示水体被还原性物质污染的主要指标。其中包括大多数有机物和部分无机还原物质。作为灌溉水的污染指标，化学需氧量与五日生化需氧量具有一定的类似性质，只是化学需氧量除了包括需氧有机生物氧化所消耗的氧之外，还包括无机还原性物质化学氧化所耗的氧。

COD_{cr}作为水体有机物含量的综合指标，各国水质标准都对其有较为严格的控制。如美国慢速土地处理系统COD_{cr}控制值为300mg/L，考虑到防止地下水污染建议COD_{cr}控制在250mg/L以下；前苏联进步科研生产联合公司化学和土壤化学研究所，提出COD_{cr}的灌溉旱作标准为200～300mg/L；我国污水综合排放标准中规定，排入农业用水区要求COD_{cr}≤150mg/L；我国污水处理厂污染物排放标准规定，经过处理后的污水排入农业用水区，要求COD_{cr}≤100～120mg/L；GB 5084—2005农田灌溉水质标准中规定水作作物COD_{cr}≤150 mg/L，旱作作物≤200mg/L，加工、烹调及去皮蔬菜≤100mg/L，生食类蔬菜、瓜类和草本水果≤60mg/L；我国《地表水环境质量标准》(GB 3838—2002) 规定农业用水区COD_{cr}≤40mg/L。

文献资料表明：COD_{cr}≤300mg/L对旱作无明显影响，COD_{cr}≤90mg/L对水稻的生长、产量和品质不会产生不良影响；COD_{cr}>200 mg/L时对蔬菜生长会产生明显影响，根系发育受到抑制，根短小，根毛少。同时鉴于辽宁省是我国老重工业基地，选取了辽宁省内典型工业城市盘锦、鞍山、营口等地的主要作物灌溉用水，包括辽河、饶阳河等，监测结果发现工业污染地区经过排污处理后作为灌溉水的COD_{cr}含量多在30～40mg/L。

因此，COD_{cr}设置为≤60mg/L，确保水质安全及绿色食品产地环境安全。

②石油类。石油类，指矿物油类化学物质，是各种烃类的混合物。石油类可以溶解态、乳化态和分散态存在于水体中。石油类进入水环境后，其含量超过0.1～0.4mg/L，即可在水面形成油膜，影响水体的复氧过程，造成水体缺氧，危害水生物的生活和有机污染物的好氧降解。当含量超过3mg/L时，会严重抑制水体自净过程。

目前，我国各类水质标准对石油类都有严格的指标控制。我国污水处理厂污染物排放标准规定，再生水排放到农业区石油类≤5mg/L；我国污水综合排放标准规定，一切排污单位排放到农业区的石油类应≤10mg/L；我国《地表水环境质量标准》(GB 3838—2002) 规定农业用水区的石油类≤1.0mg/L；GB 5084—2005作为选择性监测项目规定水作作物石油类≤5mg/L，旱作作物≤10mg/L，蔬菜≤1mg/L。

综合国内外标准及绿色食品生产安全优质特性，确定石油类≤1.0mg/L。

(6) 农田灌溉用水适用范围

"农田灌溉用水，包括水培蔬菜和水生植物，应符合表2要求。"说明农田灌溉用水不仅水田、旱地、菜地、园地和牧地等的灌溉用水要符合表

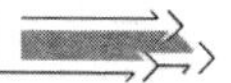

2要求，水培蔬菜和水生植物的栽培用水也同样要符合表2要求。

水培蔬菜，指大部分根系生长在营养液液层中，只通过营养液为其提供水分、养分、氧气的有别于传统土壤栽培形式下进行栽培的蔬菜，即无土栽培蔬菜。水培蔬菜以叶菜类最为常见，如生菜、叶甜菜、苦苣、京水菜、西洋菜等，此外，还有一些果菜类蔬菜也可以水培，如黄瓜、甜瓜、番茄等。

水生植物，包括芦笋、芡实、菱角、莲藕等。

【实际操作】

（1）农田灌溉水水质监测中的质量控制

①采样过程的质量控制。采样仪器在采集样品之前都应该进行认真的清洗、校准，并将样品统一编号，包括样品序号、采样日期、监测项目。每一项都贴好标签，认真记录其状态，样品采集执行NY/T 1054和《水和废水监测分析方法》的相关规定，如果有异常，添加附录加以说明。

②样品保存、运输的质量控制。样品在运输前应该将容器盖子拧紧，并用采样箱装好。在样品保存、运输等环节，都应该严格按照NY/T 1054和《水和废水监测分析方法》的要求，不同的水样应该根据其保存方法进行保存，实施有保护性的运输。做好交接记录，分析人员在对样品进行分析时，应仔细核对样品和采样记录是否一致。

③样品分析测试中的质量控制。样品试剂严格按照NY/T 1054和《水和废水监测分析方法》相关要求进行配制。只要能做平行双样的分析项目，都应该按照同批测试的样品数，随机抽取10％～20％的样品进行平行双样测定。随机抽取10％～20％对质控样品进行加标回收率测试，回收率应在95％～105％。

（2）监测方法要点与注意事项

针对此次增加的化学需氧量（COD_{cr}）、石油类的检测进行方法要点和注意事项阐述。

①COD_{cr}检测。GB 11914的方法原理是在水样中加入已知量的重铬酸钾溶液，在强酸介质下以银盐为催化剂，经沸腾回流后，以试亚铁灵为指示剂，用硫酸亚铁铵滴定水样中未被还原的重铬酸钾由消耗的硫酸亚铁铵的量换算成消耗氧的质量浓度。

注意事项：

a. 对于COD_{cr}值小于50mg/L的水样，应采用低浓度的重铬酸钾标准溶液氧化，加热回流后，采用低浓度的硫酸亚铁铵标准溶液回滴。

b. 该方法对未经稀释的水样其测定上限为700mg/L，超过此限时必须经稀释后测定。

c. 对于污染严重的水样。可选取所需体积1/10的试料和1/10的试剂，放入10mm×150mm硬质玻璃管中，摇匀后，用酒精灯加热至沸数分钟，观察溶液是否变成蓝绿色。如呈蓝绿色，应再适当少取试料，重复以上试验，直至溶液不变蓝绿色为止，从而确定待测水样适当的稀释倍数。

d. 去干扰试验：无机还原性物质如亚硝酸盐、硫化物及二价铁盐将使结果增加，将其需氧量作为水样CODcr值的一部分是可以接受的。该实验的主要干扰物为氯化物，可加入硫酸汞部分地除去，经回流后，氯离子可与硫酸汞结合成可溶性的氯汞络合物。当氯离子含量超过1 000mg/L时，CODcr的最低允许值为250mg/L，低于此值结果的准确度就不可靠。

e. 水样的CODcr值在70～600mg/L时，用0.25mol/L的重铬酸钾、0.01mol/L的硫酸亚铁铵滴定；CODcr值为200～300mg/L时，消化反应进行最完全，一般是根据水样的大体CODcr值稀释到200～300mg/L，取稀释后的水样来测。CODcr值低于50mg/L，用0.025mol/L重铬酸钾、0.001mol/L的硫酸亚铁铵滴定。

②石油类检测。HJ 637的原理是将经硅酸镁吸附后的萃取液转移至4cm比色皿中，以四氯化碳作参比溶液，于2 930cm^{-1}、2 960cm^{-1}、3 030cm^{-1}处测量其吸光度$A_{2.2930}$、$A_{2.2960}$、$A_{2.3030}$，计算石油类的浓度。

注意事项：

a. 每批样品分析前，应先做方法的空白实验，实验值应低于检出限。

b. 标准贮备液用四氯化碳（光谱纯）定容。

c. 样品分析过程中，比色皿要加盖，防止四氯化碳对红外镜头腐蚀；产生的四氯化碳废液应存放于密闭容器中，妥善处理。

d. 如果样品不能在24h内测定，应在2～5℃条件下冷藏保存，3d内必须完成测定。

e. 萃取液经硅酸镁吸附剂处理后，由极性分子构成的动植物油类被吸附，而非极性的石油类不被吸附。

2.4.2 渔业用水

【标准原文】

6.2 渔业水质要求

渔业用水应符合表3要求。

 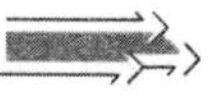

表3 渔业水质要求

项目	指标		检测方法
	淡水	海水	
色、臭、味	不应有异色、异臭、异味		GB/T 5750.4
pH	6.5～9.0		GB/T 6920
溶解氧，mg/L	>5		GB/T 7489
生化需氧量（BOD_5），mg/L	≤5	≤3	HJ 505
总大肠菌群，MPN/100mL	≤500（贝类50）		GB/T 5750.12
总汞，mg/L	≤0.0005	≤0.0002	HJ 597
总镉，mg/L	≤0.005		GB/T 7475
总铅，mg/L	≤0.05	≤0.005	GB/T 7475
总铜，mg/L	≤0.01		GB/T 7475
总砷，mg/L	≤0.05	≤0.03	GB/T 7485
六价铬，mg/L	≤0.1	≤0.01	GB/T 7467
挥发酚，mg/L	≤0.005		HJ 503
石油类，mg/L	≤0.05		HJ 637
活性磷酸盐（以P计），mg/L	—	≤0.03	GB/T 12763.4
水中漂浮物质需要满足水面不应出现油膜或浮沫要求。			

【内容解读】

目前我国渔业用水水体污染的指标主要有重金属、石油类、总大肠菌群等，这些污染物浓度过高或过低都会影响鱼类的生存，造成其发生疾病甚至死亡。重金属可通过食入的方式进入人体，引起体内蓄积性中毒；石油类、酚类污染对鱼类神经系统、呼吸系统、生殖系统危害严重；总大肠菌群与水体污染密切相关，会引起食用者腹泻甚至死亡；养鱼水体溶氧量如果低于3mg/L就会造成浮头死鱼等，所以有必要对上述指标进行监测。

（1）分类

渔业水质要求国家标准有：《渔业水质标准》（GB 11607—89）、《海水水质标准》（GB 3097—1997）及《地表水环境质量标准》（GB 3838—2002）。NY/T 391中引用了GB 11607—89的限量值。GB 11607和GB 3097、GB 3838 3个标准中在渔业水质指标的限量值存在较大差异，海水养殖用水方面GB 3097中要低于GB 11607。从标准要求上看，海水养殖和淡水养殖是有区别的。因此，将渔业用水分类为淡水、海水，且海水指标相对更严格。

根据欧洲渔业用水标准（表2-5）及GB 3097—1997（表2-6），结合我国渔业水质和水产品的污染调查研究文献资料，确定修改以下项目及指标值（表2-6）。

表2-5 欧洲渔业用水标准（mg/L）

序号	项目	最小采样量及监测频率	鲑鱼水域（海水）		鲤鱼水域（淡水）	
			指导指标	强制性指标	指导指标	强制性指标
1	溶解氧	每月	50%≥9 100%≥7	50%≥9	50%≥8 100%≥5	50%≥7
2	pH	—	6～9		6～9	
3	悬浮物	—	≤25	—	≤25	—
4	生化需氧量	—	≤3	—	≤6	—
5	总P	—	—	—	—	—
6	亚硝酸盐	—	≤0.01	—	≤0.03	—
7	非离子氨	每月	≤0.005	≤0.025	≤0.005	≤0.025
8	总氨	每月	≤0.04	≤1	≤0.2	≤1
9	总残留氯	每月	—	≤0.005	—	≤0.005
10	总锌	每月	—	≤0.3	—	≤1.0
11	溶解铜	—	≤0.4	—	≤0.04	—

表2-6 渔业用水修订项目参考标准比较表（mg/L）

序号	项目	GB 11607—89	GB 3097—1997	GB 3838—2002	欧盟渔业用水标准（淡水）	欧盟渔业用水标准（海水）	设置（淡水）	设置（海水）
1	pH	—	7.8～8.5	6～9	6～9	6～9	6～9	
2	生化需氧量	≤5， 冰封期≤3	≤3	≤4	≤6	≤3	—	≤3
3	总汞	≤0.000 5	≤0.000 2	0.000 1	—	—	—	≤0.000 2
4	总铅	≤0.05	≤0.005	≤0.05	—	—	—	≤0.005
5	总砷	≤0.05	≤0.030	≤0.05	—	—	—	≤0.03
6	六价铬	—	≤0.010	≤0.05	—	—	—	≤0.01
7	挥发酚	≤0.005	≤0.005	≤0.005	—	—	—	≤0.005
8	石油类	≤0.05	≤0.05	≤0.05	—	—	—	≤0.05
9	活性磷酸盐	—	≤0.030	—	—	—	—	≤0.03

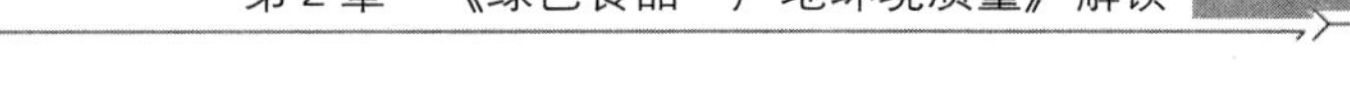

（2）参数设定及指标值

①色、臭、味。原标准要求“不得使水产品带异色、异臭、异味”。但实际应用时多存在如下情况：进行绿色食品产地环境评价时尚未对水产品进行抽样，或者该产区还没有生产产品，或环境评价和产品认证不在一家检测机构进行的情况；故无法判断要求中规定的不得使水产品带异色、异臭、异味。因此，将要求修订为“不应有异色、异臭、异味”。

②悬浮物。悬浮物指悬浮在水中的固体物质，包括不溶于水中的无机物、有机物及泥沙、黏土、微生物等，是造成水污染的主要原因，是衡量水污染程度的指标之一。原标准中要求“人为增加的量不超过10”，如何判断被监测产地环境中哪部分是人为增加，这个尺度不好把握，故去掉此监测项目。

③溶解氧。溶解氧（DO）是指溶解在水中的分子态氧，是水产养殖中最重要且最容易发生问题的水质因子之一。溶解氧提供养殖动物生命活动所必需的氧气，有利于好氧性微生物生长繁殖，促进有机物降解，能直接氧化水体和底质中的有毒、有害物质，降低或消除其毒性；抑制有害的厌氧微生物的活动，增强免疫力。水体的实际溶氧量受到其中生物、物理和化学等因素的共同影响而时刻变化。当水中溶解氧不足时，首先，直接对养殖动物产生不利影响；其次，是通过影响水体环境中其他生物和理化指标而间接影响养殖动物，致使其生长、繁殖甚至生存造成不同程度的危害，轻则体质下降、生长减缓，重则浮头、泛塘，导致大量死亡。有研究表明，DO=5mg/L是保障大多数鱼类幼体的最低浓度，DO=4mg/L保障鱼群生存的最低浓度，DO≤3mg/L无法维持鱼群良好生长，所以本次标准修订继续延续原有限量要求>5mg/L。

④pH。pH是反映水体水质状况的一个综合指标，是影响鱼类活动的一个重要综合因素。pH的过度降低或升高，均会直接危害鱼类，引起鱼类的死亡，即使有时不致死但由于其值超过鱼类忍耐程度，导致生理功能紊乱，而影响其生长或引起其他疾病的发生。由此可见，渔业生产中，水环境条件之一的pH调控就非常重要。有研究表明，鱼类能够安全生活的pH范围是6.5～9。鱼类在酸性（pH<5.5）条件下，鱼类血液中pH相应下降，削弱其血液载氧能力，造成鱼自身患生理性缺氧症，引起组织缺氧，呼吸困难，活动力减弱，新陈代谢强度降低，摄食量减少，对饵料的消化率低下，生长缓慢。在碱性（pH>9.5）条件下，会直接影响到鱼类血液的pH，发生碱中毒，影响血液缓冲系统平衡，且对鳃、皮肤及黏液有腐蚀作用，致使鱼体分泌大量黏液，影响

呼吸。

宁夏环境监测机构提出，西北地区气候干燥，土壤母质盐分背景值高，所以 pH 普遍较高，希望在标准修订过程中考虑西北地区特点，适当放宽 pH 标准范围。鉴于此，查阅欧盟标准及相关资料，获知在 pH 在 6.5～9.0 对鱼类没有伤害。所以将 pH 由“淡水 6.5～8.5，海水 7.0～8.5”统一改为“6.5～9.0”。

⑤漂浮物质。原标准中漂浮物质是监测项目，指标要求是“水面不得出现油膜或浮沫”，并且没有对应的检测方法。这次修订把检测方法作为要求表格中的一部分，对于没有检测方法的项目按照《标准化工作导则 第1部分：标准的结构和编写》（GB/T 1.1—2009）要求，采用表格注的形式表示，而且仍然是一个监测项目，渔业水质必须满足“水面不应出现油膜或浮沫要求”才可以判定这一项合格，并且在检测报告要明确列出此项。

⑥生化需氧量。生物需氧量，是指在一定期间内，微生物分解一定体积水中某些可被氧化的物质（特别是有机物质）所消耗的溶解氧数量。它是反映水中有机污染物含量的一个综合指标。如果进行生物氧化的时间为 5d 就称为五日生化需氧量（BOD_5）。其值越高，说明水中有机污染物质越多，污染也就越严重。

欧盟标准中规定淡水≤6，海水≤3；GB 3097—1997 海水水质中对水产养殖类要求≤3。所以将原标准中“≤5”修订为“淡水≤5，海水≤3”。

⑦汞、镉、铅、砷、铜、六价铬。水体中的重金属离子 Hg、Cd、Pb、As、Cu 达到一定浓度时会对鱼类免疫、呼吸强度、呼吸运动、生理生化作用以及基因毒性等方面造成一定的毒害。许多实验表明，在低浓度状态下，这些微量金属元素可促进鱼类的抗菌能力，高浓度则起毒害作用。重金属离子被鱼体组织吸收后，一部分可随血液循环到达各组织器官，引起各组织细胞的机能变化；另一部分则可与血浆中的蛋白质及红血球等结合，使血红蛋白、红血球数目减少，妨碍血液机能，造成贫血。总之，水体重金属污染在不同程度、不同方面都可以影响鱼类的生长与发育，从而严重影响养殖业的发展。各重金属限量值依据表 2－6 进行了修订。

⑧挥发酚。一般通过挥发酚的含量来衡量酚类化合物的污染程度。水体中挥发酚能影响鱼体的营养和风味价值。首先，挥发酚通过影响鱼体过氧化系统的酶活来影响鱼体中脂肪酸组成，过氧化系统中一些酶活的降低能导致不饱和脂肪酸氧化，使鱼体中不饱和脂肪酸含量下降。其次，水体

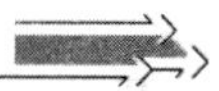

中挥发酚能使鱼体蛋白质变性，降低蛋白质的营养价值。另外，水体中挥发酚的存在还能使鱼体产生香味的酯类物质降解成一些短链醛类物质，产生土腥异味，影响鱼的可食风味。考虑到国内渔业水质污染情况，限量值按原标准执行。

⑨石油类。石油污染物进入海洋环境会对水生生物的生长、繁殖以及整个生态系统产生巨大的影响。石油污染能够抑制光合作用，降低海水中 O_2 的含量，破坏生物的正常生理机能，其恶劣水质使养殖对象大量死亡。存活下来的也因含有石油污染物而有异味，导致无法食用。鱼类和贝类在含油量为 0.01mg/L 的海水中生活 24h 即可带有油味，如果浓度上升为 0.1mg/L，2～3h 就可以使之带有异味。考虑到国内渔业水质污染情况，限量值按原标准执行。

⑩活性磷酸盐。海水中磷酸盐既是海洋中基础生物生存繁殖的能量来源，同时又具有复杂多变的化学地质作用。磷酸盐在人类的日常生产和生活中具有重要作用，但磷化工迅猛发展带来的环境污染状况也日趋严重。它通过增加水体中藻类生长所需的重要元素磷，引起藻类疯长；同时，在水体供氧量有限的情况下，藻类会出现大量死亡，促使厌氧细菌迅速增殖，致使鱼类生存空间缩小或死亡，水体生色、透明度降低。死亡的生物会使得水体被进一步毒化，有些鱼会携带这些毒素，通过食物链将毒素带给人类，严重者会使人致死。

因此，借鉴欧盟渔业用水标准（表 2 - 5）及我国 GB 3097—1997 海水水质标准，增加活性磷酸盐项目，指标数参考 GB 3097—1997，活性磷酸盐（以 P 计）≤0.030mg/L。

⑪总大肠菌群。考虑项目名称设置的科学性以及与依据参考的国标更新相协调，总大肠菌群条款略有调整。原 NY/T391 中要求总大肠菌群指标≤5 000 个/L（贝类 500）。目前，国际及国内通用的单位为 MPN/100mL，例如，GB 5749 已经更新为 2006 版本，其中要求总大肠菌群指标单位由个/L 已修改为 MPN/100mL。因此，标准正文表 3 中，总大肠菌群的单位改为 MPN/100mL，同时根据《水质监测方法》（第二版）中规定的个/L 与 MPN/100mL 近似换算公式为个/L≈10MPN/100mL，相应渔业水质标准中指标改为≤500 个/L（贝类 50）。

【实际操作】

渔业用水水质检测要点与注意事项如下：

针对挥发酚、溶解氧、活性磷酸盐等进行方法要点和注意事项阐述。

(1) 挥发酚

采用《水质　挥发酚的测定》(HJ 503—2009) 4-氨基安替比林分光光度法，原理是酚类化合物于 pH＝10.0±0.2 介质中，在铁氰化钾存在下，与 4-氨基安替比林反应，生成橙红色的吲哚酚安替比林染料，其水溶液在 510nm 波长处有最大吸收。

注意事项：

①应避免氨挥发所引起 pH 的改变，注意在低温下保存，取用后立即加塞盖严，并根据使用情况适量配制。

②如水样含挥发酚较高，移取适量水样并加水至 250mL 进行蒸馏，则在计算时应乘以稀释倍数。

(2) 溶解氧

GB 7489 是水中溶解氧测定的经典方法，结果准确度高，也被用来检验其他方法的可靠程度。原理是在样品中溶解氧与刚刚沉淀的二价氢氧化锰反应。酸化后，生成的高价锰化合物将碘化物氧化游离出等当量的碘，用硫代硫酸钠滴定游离碘量，计算出水中溶解氧的含量。

注意事项：

①采样时防止水样曝气或有气泡存在采样瓶中。可用水样冲洗溶解氧瓶后，沿瓶壁直接倾注水样或用虹吸法将吸管插入溶解氧瓶底部，注入水样至溢流出瓶容积的 1/3～1/2。采集后迅速加入固定剂，吸管要没入液面以下，并储存于冷暗处，固定后保存时间不超过 24h。

②在没有干扰的情况下，此方法适用于各种溶解氧浓度大于 0.2mg/L 和小于氧饱和浓度 2 倍（约 20mg/L）的水样。

③当水中含有丹宁酸、腐殖质、木质素等易氧化有机物以及硫脲等可氧化含硫化合物时，对测定产生干扰，不适宜采用该方法。

④如果水样中含有氧化性物质，如游离氯大于 0.1mg/L 时，应预先于水样中加硫代硫酸钠去除。即用 2 个溶解氧瓶各取 1 瓶水样，在其中 1 瓶加入一定量硫酸溶液和 1g 碘化钾，摇匀，此时游离出碘。以淀粉做指示剂，用硫代硫酸钠溶液滴定至蓝色刚褪，记下用量（相当于去除游离氯的量）。于另一瓶水样中，加入同样量的硫代硫酸钠溶液，摇匀后，按操作步骤测定，通过差减法获得溶解氧含量。

⑤如果水样呈强酸性或强碱性，可用氢氧化钠或硫酸溶液调至中性后测定。

(3) 活性磷酸盐检测

GB/T 12763.4 采用抗坏血酸还原磷钼蓝法，该方法是海水中活性磷酸盐的经典测定方法，其原理是在酸性介质中，活性磷酸盐与钼酸铵反应生成磷钼黄络合物，在酒石酸氧锑钾存在下，磷钼黄络合物被抗坏血酸还原为磷钼蓝络合物，于882nm波长测定吸光值，其方法检出限为0.01mg/L。

注意事项：

①同一个仪器的工作曲线有效期为1周。如更换光源或光电管等，须重新绘制工作曲线。

②配制标准系列和测定水样时，为避免瓶口出现深蓝色物质，加入试剂立即混匀后，打开瓶塞让瓶口溶液流回瓶中，盖上瓶塞，再次混匀；重复2次，使溶液充分混匀。

2.4.3 畜禽养殖水

【标准原文】

6.3 畜禽养殖用水要求

畜禽养殖用水，包括养蜂用水，应符合表4要求。

表4 畜禽养殖用水要求

项目	指标	检测方法
色度[a]	≤15，并不应呈现其他异色	GB/T 5750.4
浑浊度[a]（散射浑浊度单位），NTU	≤3	GB/T 5750.4
臭和味	不应有异臭、异味	GB/T 5750.4
肉眼可见物[a]	不应含有	GB/T 5750.4
pH	6.5～8.5	GB/T 5750.4
氟化物，mg/L	≤1.0	GB/T 5750.5
氰化物，mg/L	≤0.05	GB/T 5750.5
总砷，mg/L	≤0.05	GB/T 5750.6
总汞，mg/L	≤0.001	GB/T 5750.6
总镉，mg/L	≤0.01	GB/T 5750.6
六价铬，mg/L	≤0.05	GB/T 5750.6
总铅，mg/L	≤0.05	GB/T 5750.6
菌落总数[a]，CFU/mL	≤100	GB/T 5750.12
总大肠菌群，MPN/100mL	不得检出	GB/T 5750.12

[a] 散养模式免测该指标。

【内容解读】

畜禽体内一切生命过程都离不开水。水不仅是畜禽机体的重要组成部分，而且在调节体温、转运营养物质、排泄废物、润滑关节、保护系统等方面有重要作用。水质好坏与畜禽的健康、生产性能、胴体品质的关系极为密切，因此，必须严格控制畜禽养殖用水水质。养殖场的水源一般来源于地表水或地下水，多数水源地都不同程度地被工农业生产、生活废弃物、养殖场排泄物等化学毒物和病原微生物污染。考虑到以上诸多因素，所以畜禽养殖用水检测项目没有减少，只对限量值或具体描述做调整。

(1) 适用范围

修订后标准适用范围扩大，不仅包括畜禽养殖用水，同时养蜂用水也应符合表4要求。原标准没有考虑到养蜂业的发展需求。近年来，养蜂业和畜禽养殖业一样，已经是我国现代化大农业的一个有机组成部分，在我国的国民经济中占有较重要的地位。我国饲养蜂群约650万群，年产蜜蜂近20万t，蜂王浆1 500t，花粉1 100t，年产量和出口量均占世界养蜂第一位。为了适应我国养蜂业的快速发展需求，本次修订特将养蜂业的水质要求加入进来，并划入畜禽养殖用水要求中。

(2) 参数选择与指标设定

①色度。在本标准的各类水质的质量要求中，只有对畜禽养殖用水的色度给予了明确要求："≤15"。GB/T 5750.4 给出了具体的测定方法。其测定原理是利用铂—钴标准比色法。1mg/L 铂所具有的颜色为1°水样。不经稀释，本法最低检测色度为5°，测定范围为5°～50°。浑浊水样测定前应离心除去水样中的悬浮物。若水样与标准色列的色调不一致，则称为异色，可用文字表述。

②浑浊度。浑浊度是水的物理性状指标，是由悬浮物或胶状物，或两者造成在光学方面的散射和吸附行为。散射浑浊度单位NTU是"Nephelometric Turbidity Units"的缩写。GB/T 5750.4 中有2种测定方法，即散射法和目视比浊法。两者所用的标准溶液相同，均为福尔马肼标准混悬液，即硫酸肼与环六亚甲基四胺在一定温度下聚合生成的一种白色的高分子化合物，只是前者用散射式浑浊度仪测定，后者用目测法。在实验室设备条件不具备的条件下，目测法显然简单易行。

③总大肠菌群。考虑项目名称设置的科学性以及与依据参考的国标更新相协调，总大肠菌群条款略有调整。原NY/T 391中要求总大肠菌群指

标≤3个/L，这个指标值是依据GB 5749—1985。目前，GB 5749已经更新为2006版本，其中要求总大肠菌群指标不得检出（单位：MPN/100mL），所以此次修改为总大肠菌群指标不得检出（单位：MPN/100mL）。

（3）表注说明

标准表4的表注指出，在散养模式下免测色度、浑浊度和肉眼可见物和菌落总数指标。而所谓散养模式即分散饲养，是利用荒山、荒坡、草地、草坡、果园、林地等进行畜禽的散放饲养。对于散养方式的养殖用水，由于饮水地点不固定及周边环境的不可控制性，色度、浑浊度和肉眼可见物、菌落总数监测有一定困难，故不做要求，只是通过微生物指标总大肠菌群进行质量控制。

【实际操作】

畜禽养殖水水质检测要点与注意事项如下。

针对氟化物、氰化物等参数进行方法要点和注意事项阐述。

（1）氰化物

氰化物测定采用GB/T 5750.5中异烟酸—吡唑酮分光光度法。在pH=7.0的溶液中，用氯胺T将氰化物转变为氰化氢，再与异烟酸—吡唑酮作用，生产蓝色染料，比色定量。

注意事项：

①当氰化物以HCN存在时易挥发，因此，加入缓冲溶液后，每一步骤操作都要迅速，并随时盖紧塞子。

②当用较高浓度的氢氧化钠溶液作为吸收液时，加缓冲溶液前应以酚酞为指示剂，滴加盐酸溶液至红色褪去。同时需要注意绘制校准曲线时，和水样保持相同的氢氧化钠浓度。

（2）氟化物

氟化物测定采用GB/T 5750.5中离子选择电极法。氟化镧单晶对氟化物离子有选择性，在氟化镧电极膜两侧的不同浓度氟溶液之间存在电位差，膜电位的大小与氟化物溶液离子活度有关，利用电动势与离子活度负对数值得线性关系直接求出水样中氟离子浓度。

注意事项：

① 在每一次测量前，都要用水充分冲洗电极，并用滤纸吸干。

② 水样有颜色，浑浊不影响测定，但温度影响电极的电位和样品的离解，须使试液与标准溶液的温度相同，并注意调节仪器的温度补偿装置

使之与溶液的温度一致。每日要测定电极的实际斜率。

2.4.4 加工用水水质

【标准原文】

6.4 加工用水要求

加工用水包括食用菌生产用水、食用盐生产用水等，应符合表5要求。

表5 加工用水要求

项目	指标	检测方法
pH	6.5～8.5	GB/T 5750.4
总汞，mg/L	≤0.001	GB/T 5750.6
总砷，mg/L	≤0.01	GB/T 5750.6
总镉，mg/L	≤0.005	GB/T 5750.6
总铅，mg/L	≤0.01	GB/T 5750.6
六价铬，mg/L	≤0.05	GB/T 5750.6
氰化物，mg/L	≤0.05	GB/T 5750.5
氟化物，mg/L	≤1.0	GB/T 5750.5
菌落总数，CFU/mL	≤100	GB/T 5750.12
总大肠菌群，MPN/100mL	不得检出	GB/T 5750.12

【内容解读】

食品加工企业的生产用水（即加工用水）的质量直接影响食品品质。目前，我国生产加工用水（包括食用菌用水、食用盐生产用水）水体污染的指标有pH、重金属、氰化物、氟化物、菌落总数和总大肠菌群等。对于多数指标，浓度过高或过低都会影响人体健康。pH对于生产用水至关重要，过高、过低都不利于生产。重金属可通过食入的方式进入人体，引起体内蓄积性中毒。菌落总数测定是用来判定食品被细菌污染的程度及卫生质量优劣。

对于绿色食品加工企业的加工用水，NY/T 1054中提出了监测需求，但原NY/T 391标准中却缺少规定。参考NY/T 1054、《生活饮用水卫生标准》（GB 5749—2006），《地表水环境质量标准》（GB 3838—2002）（表

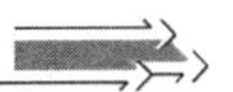

2-7)，选取微生物学项目和毒理学项目，重点监测 pH、总汞、总镉、总铅、总砷、六价铬、氟化物、氰化物、菌落总数、总大肠菌群 10 项指标，指标值参考 GB 5749—2006 设定，只有这些指标完全达到绿色食品标准要求，才能作为企业的加工用水。

表 2-7 主要项目指标值汇总表

序号	项目	GB 3838	GB 5749	设置项目及指标值
1	水温（℃）	周平均最大温升≤1 周平均最大温降≤2	—	—
2	pH（无量纲）	6～9	6.5～8.5	6～8.5
3	溶解氧 ≥	6	—	—
4	高锰酸盐指数 ≤	4	3	—
5	化学需氧量（mg/L） ≤	15		—
6	五日生化需氧量（mg/L） ≤	3	3	—
7	氨氮（mg/L） ≤	0.5	—	—
8	总磷（mg/L） ≤	0.1 （湖、库 0.025）	—	—
9	总氮（mg/L） ≤	0.5	—	—
10	铜（mg/L）	1.0	1.0	—
11	锌（mg/L） ≤	1.0	1.0	—
12	氟化物（mg/L） ≤	1.0	1.0	1.0
13	硒（mg/L） ≤	0.01	0.01	
14	砷（mg/L） ≤	0.05	0.01	0.01
15	汞（mg/L） ≤	0.000 05	0.001	0.001
16	镉（mg/L） ≤	0.005	0.005	0.005
17	六价铬（mg/L） ≤	0.05	0.05	0.05
18	铅（mg/L） ≤	0.01	0.01	0.01
19	氰化物（mg/L） ≤	0.05	0.05	0.05
20	挥发酚（mg/L） ≤	0.002	0.002	—
21	石油类（mg/L） ≤	0.05	—	—
22	阴离子表面活性剂（mg/L）≤	0.2	0.3	—
23	硫化物（mg/L） ≤	0.1	—	—
24	粪大肠菌群（个/L） ≤	2 000	—	—

（续）

序号	项目		GB 3838	GB 5749	设置项目及指标值
25	总大肠菌群	(MPN/100mL)	—	不得检出	不得检出
26	耐热大肠菌群	(MPN/100mL)	—	不得检出	—
27	大肠埃希氏菌	(MPN/100mL)	—	不得检出	—
28	菌落总数	(CFU/mL)	—	100	100

需要指出的是食用菌生产用水也应符合表 5 的规定。同时食用盐生产用水（如洗涤、空淋等加工用水）而非原料用水也应符合标准表 5 的规定。

【实际操作】

加工用水水质检测要点与注意事项如下。

（1）防止仪器与器皿的污染

水质检测中包括汞、砷、铅、镉、铜等金属元素，由于水质中金属元素含量较低，在检测中需要注意使用仪器和器皿的洁净，防止交叉污染。铅、镉是非常容易污染的元素，如实验器皿的不洁、酸杂质含量高等，将造成空白和样品的污染，同时样品的不均也会引起平行样品间测定结果的差异。

如汞易在玻璃仪器表面产生吸附，在检测过高浓度的样品后要注意清洗，一般采用 30％～50％硝酸水溶液浸泡 8h。如果使用 ICP－MS 测量水质中的重金属元素要注意氯元素对砷的干扰，可以采用碰撞模式。

（2）标准曲线绘制与校正

①标准曲线的准确性可以通过添加回标或标准物质来矫正。一套标准曲线配置完成后，低温保存，但使用期限不超过 3 个月，其中标准空白尤其重要。一旦标准空白被污染，整套标准曲线就不能使用了。

②样品检测过程中可以对标准曲线中的某点进行回标，校准仪器的稳定性，当测量结果偏低或偏高时，说明仪器出现干扰。

2.4.5 食用盐原料水质

【标准原文】

6.5 食用盐原料水质要求

食用盐原料水包括海水、湖盐或井矿盐天然卤水，应符合表 6 要求。

表6 食用盐原料水质要求

项目	指标	检测方法
总汞，mg/L	≤0.001	GB/T 5750.6
总砷，mg/L	≤0.03	GB/T 5750.6
总镉，mg/L	≤0.005	GB/T 5750.6
总铅，mg/L	≤0.01	GB/T 5750.6

【内容解读】

鉴于绿色食品食用盐的需求和对原料水质要求的提升，本次修订增加食用盐原料水质要求。

(1) 食用盐生产

《食用盐卫生标准》（GB 2721—2003）对食用盐的描述是，从海水、地下岩（矿）盐沉积物、天然卤（咸）水获得的以氯化钠为主要成分的经过加工的食用盐。

以海水为原料晒制而得的盐称为海盐，开采现代盐湖矿加工制得的盐称为湖盐，运用凿井法汲取地表浅部或地下天然卤水加工制得的盐叫井盐，开采古代岩盐矿床加工制得的盐则称矿盐。由于岩盐矿床有时与天然卤水盐矿共存，加之开采岩盐矿床钻井水溶法的问世，故又有井盐和矿盐的合称——井矿盐。

我国目前绿色食品食用盐生产经营企业64家。目前，我国盐业开采主要以海盐、井矿盐和湖盐资源为主。海盐生产分为北方和南方2个海盐区，北方海盐区分布在辽宁、天津、河北、山东、江苏等省（直辖市）；南方海盐区分布在浙江、福建、广东、广西、海南和台湾。主要生产企业有辽宁营口盐业有限责任公司、大连盐化集团有限公司、唐山市南堡开发区冀盐食盐有限公司等。

生产井矿盐的省份主要有四川、湖北、湖南、江苏、江西、云南和河南。主要生产企业有江西富达盐化有限公司、久大（应城）盐矿有限责任公司、四川久大制盐有限责任公司等。

生产湖盐的主要省（自治区）有内蒙古、陕西、青海、新疆、宁夏和西藏。主要生产企业有内蒙古兰太实业股份有限公司、新疆盐湖制盐有限责任公司、格尔木盐化（集团）有限责任公司等。

食用盐生产工艺包括以下3种：

①海盐的生产。一般采用日晒法，也叫“滩晒法”，工艺流程一般分为纳潮、制卤、结晶、收盐四大工序。利用滨海滩涂，筑坝开辟盐田，通过纳潮扬水，吸引海水灌蒸发池，经过日照蒸发浓缩变成卤水，转入结晶池继续蒸发浓缩；当卤水浓度蒸发达到 25 波美度时，析出氯化钠晶体；然后利用空淋技术，去除液体保留晶体；最后利用人工或机械将盐收起堆坨。

因此，食用盐原料海水质量是生产过程中关键控制指标。

②井矿盐的生产。主要分为采卤和制盐 2 个环节。不同的矿型采用不同的采卤方法。提取天然卤的方法有提捞法、气举法、抽油采卤、深井潜卤泵、自喷采卤等。在岩盐型矿区大多采用钻井水溶开采方法，分为对流法和压裂法。

a. 对流法。此法是目前国际国内开采岩盐矿床比较普遍采用的方法之一，机械化程度较高，成本较低。它利用了岩盐矿具有溶解于水的特点进行开采，具体方法是：打一口井到盐层，下两层套管，从其中一层管注入水，溶解盐层，将盐溶化为卤水，由另一根管子把卤水抽上来。

b. 压裂法。此法是在地面打两口钻井，下入套管，将井管与井壁封固，从一口井压入高压水，在盐层形成通道，溶解盐层，形成饱和卤水；由另一口井压出地面，交付生产。在蓄卤池净化后的卤水被输入罐中，利用蒸汽加热，使水分不断蒸发。卤水经过蒸发后即成为半盐半水的盐浆，再经离心机脱水，输入沸腾床干燥即为成品盐。

根据生产工艺发现，井矿盐的盐矿均产于较深地层，受外界影响不大，不考虑指标设定；在钻井水溶盐矿过程中，有的企业直接用天然卤水，有的需要加工用水，且多数盐业公司直接使用生活饮用水。因此，加工用水水质是井矿盐生产过程中关键控制指标。

③湖盐的生产。盐湖生产历史悠久，生产方法因资源情况而异。凡已形成石盐矿床并赋存丰富晶间卤水的盐湖，如中国多数盐湖，主要是直接开采石盐；未形成石盐矿床或石盐沉积很少的盐湖，如山西省运城盐池等，需在湖边修筑盐田，引入湖中卤水，日晒成盐；无晶间卤水的干涸盐湖，需注水溶制饱和卤水晒盐或直接开采原盐。其原理及操作与海盐基本相同，但盐湖卤水浓度较高，所需蒸发池面积相应地比海盐减少。

湖盐分为原生盐和再生盐，主要采用采掘法和滩晒法。滩晒法与海盐生产工艺相类似。目前，采掘法是以采盐机或采盐船进行生产，它的工艺流程大致是：剥离覆盖物—采盐—管道输送（汽车输送）—洗涤、脱水—皮带机输送—成品盐。

根据湖盐生产工艺可知，食用盐原料天然卤水及制备人工卤水的加工用水质量是生产过程中关键指标。

所以，食用盐产地环境质量设定两部分指标：如果原料中包括海水、湖盐/井矿盐天然卤水，需要设定；如果生产工艺过程中涉及加工用水，需要同时设定。

（2）食用盐原料水质项目及指标值设置

食用盐相关标准有《食用盐卫生标准》（GB 2721—2003）、《食用盐》（GB 5461—2000）、《绿色食品 食用盐》（NY/T 1040—2012）、《自然食用盐》（QB 2446—99）、CODEX STANDARD FOR FOOD GRADE SALT CX STAN 150—1985，Rev. 1—1997 Amend. 1—1999，Amend. 2—2001（表 2-8），这几个标准都重点关注总汞、总镉、总铅、总砷，并结合食用盐生产工艺，发现来源于原料中重金属应该是成品盐生产关键控制点，所以本次修订关注这 4 个重金属项目，对后续加工过程中涉及的感官指标、理化指标不做规定。

在国内外食用盐水质标准均未检索到的情况下，主要参考《海水水质标准》（GB 3097—1997）中与人类食用直接有关的工业用水区第二类标准，并借鉴《瓶（桶）装饮用水卫生标准》（GB 19298—2003）、《生活饮用水》（GB 5749—2006）、《饮用天然矿泉水》（GB 8537—2008），确定食用盐原料海水中总汞、总镉、总铅、总砷的指标值。

按照湖/海水中氯化钠平均含量为 2.5%，《绿色食品 食用盐》（NY/T 1040—2012）中 4 种重金属的限量值推算，食用盐原料海水总汞最大允许量为 0.002 5mg/L，上述 4 个标准都低于 0.002 5mg/L，其中 GB 3097—1997 最低，为 0.000 2mg/L，而颁布于 2003 年之后的饮用水类标准都是≤0.001mg/L。考虑到海水环境条件的现状以及满足食用盐的生产需求，确定总汞限量≤0.001mg/L（表 2-8）。

同理，食用盐原料海水总砷最大允许量为 0.012 5mg/L，GB 3097—1997 中规定与人类食用直接有关的工业用水区第二类标准是 0.03mg/L，其他标准限量值分别是 0.01mg/L、0.05mg/L。综合考虑海盐生产工艺，空淋过程中仍需采用更洁净的加工用水进行洗涤，将进一步降低原料中总砷含量；同时，绿色食品食用盐成品有产品标准最后把关，综合考虑确定总砷限量≤0.03mg/L。

同样，总镉最大允许量为 0.012 5mg/L，上述 4 个标准只有 GB 8537—2008 最低，为 0.003mg/L，其他都是 0.005mg/L，所以确定总镉限量采用 GB 3097—1997 的限量值≤0.005mg/L；总铅最大允许量为

0.025mg/L，上述 4 个标准都满足，但数值范围较宽，在 0.005～0.01mg/L，GB 3097—1997 海水标准是最低的，不太符合实际情况，同时考虑到在保证产品质量的同时最大限度保证绿色食品食用盐生产企业的利益的前提下，最后确定总铅限量≤0.01mg/L（表 2-9）。

表 2-8 食用盐相关标准项目及指标值

项目	GB 2721—2003	GB 5461—2000	NY/T 1040—2012	QB 2446—1999	CX STAN 150—1985
总砷（mg/kg）	≤0.5	≤0.5	≤0.5	≤0.5	≤0.5
铅（mg/kg）	≤2	≤1.0	≤2.0	≤1.0	≤2
镉（mg/kg）	≤0.5	—	≤0.5	—	≤0.5
总汞（mg/kg）	≤0.1	—	≤0.1	—	≤0.1
钡（mg/kg）	≤15	≤15.0	≤15.0	—	—
氟（mg/kg）	≤2.5	≤5.0	≤2.5	—	—
钙（mg/kg）	—	—	—	≥500	—
镁（mg/kg）	—	—	—	≥1 000	—
钾（mg/kg）	—	—	—	≥300	—
其他	氯化钠、碘	白度/度、粒度、氯化钠、水分、水不溶物、亚铁氰化钾	白度/度、粒度、氯化钠、水分、水不溶物、亚铁氰化钾、亚硝酸盐	白度/度、粒度、氯化钠、水分、水不溶物、碘酸钾、亚铁氰化钾	—

表 2-9 食用盐原料海水中各项污染物的指标要求

项目	食用盐中指标（供食用或食品加工）（mg/kg）	经推导重金属最大允许量	GB 3097	GB 19298	GB 5749	GB 8537	拟定指标
总汞（mg/L）≤	0.1	0.002 5	0.000 2	—	0.001	0.001	0.001
总砷（mg/L）≤	0.5	0.012 5	0.03	0.01	0.01	0.01	0.03
总镉（mg/L）≤	0.5	0.012 5	0.005	0.005	0.005	0.003	0.005
总铅（mg/L）≤	2.0	0.05	0.005	0.01	0.005	0.003	0.01

注：重金属最大允许量按照湖/海水中氯化钠平均含量 2.5%，食用盐中氯化钠含量 100% 折算。

井矿盐中天然卤水存在于地下，富含钙、镁等元素，而且受外部干扰少，污染比海水少；同时湖盐天然卤水、海水原料在自然界中存在形式相同，所以设定的重金属指标若满足海盐就可以满足湖盐/井矿盐天然卤水。为此，对于食用盐原料水，包括海水、湖盐或井矿盐天然卤水，本标准没有分别设定，而是给出了统一要求。

(3) 食用盐生产加工用水项目及指标值设置

项目及指标设置同其他类加工用水，见表 5。

【实际操作】

食用盐水质检测要点与注意事项：根据食用盐的不同生产方式，首先要分清原料水质和加工用水，理清检测项目。井矿盐中天然卤水、湖盐天然卤水、海水原料水都是原料水质，要按照 NT/T 391 中表 6 要求指标项目进行检测；如果是生产加工用水则按照表 5 要求指标项目进行检测。

2.5 土壤质量要求

2.5.1 土壤环境质量要求

【标准原文】

7 土壤质量要求

7.1 土壤环境质量要求

按土壤耕作方式的不同分为旱田和水田两大类，每类又根据土壤 pH 的高低分为三种情况，即 pH<6.5、6.5≤pH≤7.5、pH>7.5。应符合表 7 要求。

表 7 土壤质量要求

项目	旱田			水田			检测方法
	pH<6.5	6.5≤pH≤7.5	pH>7.5	pH<6.5	6.5≤pH≤7.5	pH>7.5	NY/T 1377
总镉，mg/kg	≤0.30	≤0.30	≤0.40	≤0.30	≤0.30	≤0.40	GB/T 17141
总汞，mg/kg	≤0.25	≤0.30	≤0.35	≤0.30	≤0.40	≤0.40	GB/T 22105.1
总砷，mg/kg	≤25	≤20	≤20	≤20	≤20	≤15	GB/T 22105.2
总铅，mg/kg	≤50	≤50	≤50	≤50	≤50	≤50	GB/T 17141

（续）

项目	旱田			水田			检测方法
	pH＜6.5	6.5≤pH≤7.5	pH＞7.5	pH＜6.5	6.5≤pH≤7.5	pH＞7.5	NY/T 1377
总铬，mg/kg	≤120	≤120	≤120	≤120	≤120	≤120	HJ 491
总铜，mg/kg	≤50	≤60	≤60	≤50	≤60	≤60	GB/T 17138
注1：果园土壤中铜限量值为旱田中铜限量值的2倍。 注2：水旱轮作的标准值取严不取宽。 注3：底泥按照水田标准值执行。							

【内容解读】

（1）确定土壤重金属监测项目

重金属污染是人类在生产或生活活动中所产生的污染物直接（通过空气、水、生物）或间接地进入土壤环境。当进入土壤中污染物的数量和速度超过土壤本身自净能力时，就会破坏土壤组成成分，导致土壤性质发生变化，肥力下降，或引起作物减产、污染农产品，影响人畜使用。

对植物需要而言，可分为2类：一类是植物生长发育不需要的元素，而对人体健康危害比较明显，如镉、汞、铅等；另一类是植物正常生长发育所需元素，且对人体又有一定生理功能，如铜、锌等，但过多会发生污染，妨碍植物生长发育。

科学合理的土壤环境质量标准不仅是评价土壤环境质量、识别土壤污染风险的重要依据；同时也是规范生产者、管理者行为，使其生产活动中保持产地各项环境质量符合标准的必要手段。因此，土壤质量项目及指标值的设置，需要满足保证农产品可食部分、饲料部分符合标准，同时不导致土壤生物和肥力性质恶化。在NY/T 391标准中，主要对总镉、总汞、总砷、总铅、总铬、总铜的含量进行了限定。

目前，我国土壤环境质量标准主要有9个（表2-10），主要监测项目有总镉、总汞、总砷、总铅、总铬、六价铬、总铜、锌、镍、全盐量、六六六、滴滴涕共12个项目（表2-11）。其中，总镉、总汞、总砷、总铅、总铬、总铜是共同关注的监测项目。有7个标准设置了六六六、滴滴涕限量值。

从表2-11可以看出，我国土壤质量主要关注重金属及六六六、滴滴涕项目，对其他类指标如农药、持久性污染物等没有限定。而国外有很多

表 2－10 我国土壤环境质量标准汇总

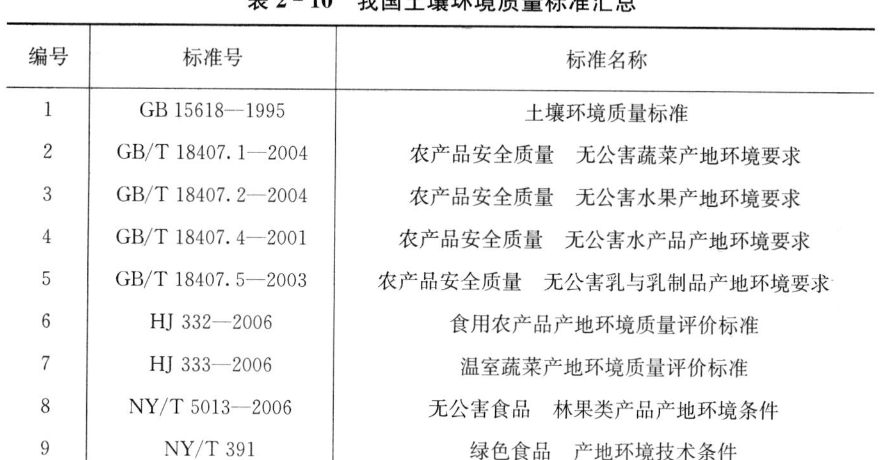

编号	标准号	标准名称
1	GB 15618—1995	土壤环境质量标准
2	GB/T 18407.1—2004	农产品安全质量 无公害蔬菜产地环境要求
3	GB/T 18407.2—2004	农产品安全质量 无公害水果产地环境要求
4	GB/T 18407.4—2001	农产品安全质量 无公害水产品产地环境要求
5	GB/T 18407.5—2003	农产品安全质量 无公害乳与乳制品产地环境要求
6	HJ 332—2006	食用农产品产地环境质量评价标准
7	HJ 333—2006	温室蔬菜产地环境质量评价标准
8	NY/T 5013—2006	无公害食品 林果类产品产地环境条件
9	NY/T 391	绿色食品 产地环境技术条件

国家已经开始关注了。例如，日本制定了《土壤污染对策法实施规则》，将监控对象分为 3 种，分别为第 1 种特定有害物质（主要是挥发性有机物质）、第 2 种特定有害物质（主要是重金属等）和第 3 种特定有害物质（主要是农药等）；美国 EPA 标准和法规规定了土壤中多种类污染物的限量值和检测方法。

近 10 多年来，由于污染源的种类及污染途径、方式呈现多样化，污染强度亦呈现加大之势。鉴于国外标准的制定情况以及国内农业土壤污染现状，此次修订集中探讨了重金属、农药、持久性有机污染物的项目及限量值设置。对在土壤中残留期长、难降解，对生态环境毒害性严重，对作物生长、产品品质等产生不良影响的项目指标进行监测。

NY/T 391—2000 中规定 6 个重金属，即镉、汞、砷、铅、铬、铜。其中，镉、汞易在农产品可食部分累计，铜、铅对植物生长有影响，砷、铬上述两方面均有的影响。从污染源情况、土壤中实际累积量及对生态环境与健康效应影响几方面来看，上述重金属仍具有较好的代表性，可继续沿用。

针对镉、汞、砷、铅、铬、铜重金属，对我国不同省份（包括吉林、北京、天津、河北、河南、山东、甘肃、浙江、广东等）的水田、旱田、设施园艺、果园等产地环境土壤进行文献检索，发现镉、汞、砷、铅、铬、铜、锌等重金属仍然存在一定的污染情况，有的地区呈现上升势头。同时，通过汇总 3 598 个监测点的 28 795 个土壤质量监测数据可以看出，总镉、总汞、总砷、总铅、总铬、总铜 6 个重金属项目均有超标情况，超标率分别为 3.28%、1.11%、0.47%、0.39%、0.25%、0.56%。因此，

表 2-11 我国土壤环境质量标准汇总(mg/kg)

项目	GB 15618	HJ 332	HJ 333	GB/T 18407.1	GB/T 18407.2	GB/T 18407.4(湿重)	GB/T 18407.5	NY/T 5013	NY/T 391
总镉	0.20～1.0	0.30～0.60	0.30～0.40	0.3～0.6	0.3～0.6	0.5	0.3～0.6	0.30～0.60	0.30～0.40
总汞	0.15～1.5	0.25～1.0	0.25～0.35	0.3～1.0	0.3～1.0	0.2	0.3～1.0	0.30～1.0	0.25～0.40
总砷	15～40	20～40	20～30	25～40	25～40	20	25～40	25～40	15～25
总铅	35～500	50～80	50	100～150	250～350	50	100～150	250～350	50
总铬	90～400	150～350	150～250	—	150～250	50	150～250	150～250	120
铬(六价)	—	—	—	150～250	—	—	—	—	—
总铜	35～400	50～200	—	—	—	30	50～100	—	50～60
锌	100～500	—	—	—	—	150	200～300	—	—
镍	40～200	—	—	—	—	—	—	—	—
全盐量	—	—	2 000	—	—	—	—	—	—
六六六	0.05～1.0	0.10	0.10	0.5	0.5	0.5	0.5	—	—
滴滴涕	0.05～1.0	0.10	0.10	0.5	0.5	0.02	0.5	—	—

重金属监测项目的限量值维持不变。

（2）重金属全量和有效态的概念

土壤中含有多种多样的微量金属元素，土壤微量元素含量水平主要决定于成土母质和成土过程。成土母质中的微量元素在复杂多样的成土过程中，通过地质循环与生物循环的共同作用，发生迁移累积与形态转化，加之人类活动的影响，使现代土壤中的微量元素含量水平，尤其是有效态含量有别于成土母质。金属全量是指用常规分析方法测定某种金属时，样品中此种金属几乎是百分之百参与反应的。这种测定所得的结果就叫金属全量。它是与偏提取分析所得结果（偏提取含量）相对的。

土壤全量与土壤有效态含量是两个完全不同的概念：全量代表的是土壤重金属所有形态的总和，它包括作物可以通过根部吸收的有效态（可提取态）部分，也包括作物不可以吸收的结合态重金属，这部分对作物来说是不可利用的。

土壤中微量元素的有效性，主要受各种条件因素的影响，其中包括土壤类型、土壤的酸碱度、土壤有机质含量、土壤黏土矿物组成及人类活动等因素的综合影响。同时土壤中的微量元素进入土壤后，大部分与其中的无机、有机组分发生吸附、络合、沉淀等作用，形成碳酸盐、磷酸盐、铁锰氧化物结合态，有机质硫化物结合态等形式，只有少部分以水溶态和离子交换态存在，后者可有效地影响土壤微生物的代谢活性而被称为有效态金属。重金属等有毒污染物在床体的不断蓄积，随着基质容纳重金属离子的“饱和”，新增重金属离子将以有效态形式作用于湿地微生物群落，严重抑制反硝化。

（3）土壤重金属有效态的研究进展

重金属在土壤中的积累，不仅直接影响土壤理化性状、降低生物活性、阻碍养分有效供给，而且通过食物链对植物、动物数十倍的富集，通过多种途径直接或间接地威胁人类安全和健康。由于不同植物无论在养分元素的吸收还是有毒污染物的吸收上都存在生态型差异和基因型差异，加上土壤生态系统自身的复杂性，不同作物对土壤中各种重金属的生态效应各异。因此，采用重金属全量来评价土壤质量是否全面、是否应该把重金属有效态含量引入标准中，制标组进行了反复讨论，并将其作为研究重点。

①为什么要研究重金属有效态。土壤重金属全量是确定土壤重金属污染水平及环境容量的重要指标，但重金属在土壤中具有不同的存在形态，可能会产生不同的环境效应，并直接影响到重金属的生物有效性、毒性、

迁移性以及在自然界的循环。相关的科研结果表明，对土壤重金属的生物有效性的评估不仅依赖于土壤重金属的总量，还与其他因素相关。有研究分别以《土壤环境质量标准》二级标准和《食品中污染物限量》评价广东省珠海市的土壤（pH=5.71）及部分作物中铅、镍、镉的污染状况，发现作物中铅含量超标率达3.90%，而土壤中铅含量超标率仅为0.13%，土壤中镍含量超标最严重，高达23.23%，但作物中镍未有超标现象。表明作物所吸收的重金属的量与土壤中重金属的总量并不完全一致，以土壤中重金属全量来评价其可能对农产品造成的风险，并不十分科学。大量研究证实，农作物中重金属含量与土壤中重金属有效态含量的相关性远高于其与土壤重金属全量的相关性。所以将土壤中重金属的总量和生物有效态含量结合起来研究是必要的。当前，单独和连续提取法已广泛应用于评价土壤重金属的活性和生物有效性。

②土壤重金属有效态与农产品重金属含量相关性研究实例。重金属在土壤中的积累，不仅直接影响土壤理化性状、降低土壤生物活性、阻碍养分有效供给，而且通过食物链被植物、动物数十倍的富集，通过多种途径直接或间接地威胁人类安全和健康。目前有关土壤农作物系统中重金属的研究已经很多，并从土壤重金属全量及有效性等角度探讨了重金属在土壤作物系统的迁移富集特性及影响因素，由于不同植物无论在养分元素的吸收还是有毒污染物的吸收上都存在生态型差异和基因型差异，加上土壤生态系统自身的复杂性，不同作物对土壤中各种重金属的生态效应各异。

有研究以镉、铅作为研究对象，通过盆栽实验和大田监测实验，以旱田代表作物玉米，水田代表作物水稻和蔬菜代表植物小白菜、大蒜为例，考察了146个土壤中重金属镉、铅的全量和有效态量与146个作物中重金属含量的相关性。研究表明，土壤重金属有效态量与农产品重金属含量的相关性要显著高于重金属全量与农产品重金属含量的相关性；但不同提取剂对同一重金属提取率不同，所得出的结果有一定差异。

土壤的pH、有机质以及阳离子交换量对土壤铬形态分布的影响显著，对沪宁高速沿线农田土壤中铬总量和有效态含量的空间分布特征进行了分析发现，重金属铬、锌的有效态含量与其总量、土壤pH、有机质含量均呈现显著相关关系。可见，金属有效态含量不仅与总量有关，也受到土壤pH和有机质含量的影响。

(4) 土壤中重金属有效态的提取方法

为考察土壤中重金属全量及有效态量与农产品中重金属含量的相关

性，首先需要筛选一种适宜的提取剂，保证尽量完全提取土壤重金属全量中的有效态部分。在评价浸提剂的浸提效果方面，提取率和相关性是两个重要的评价指标。

贺建群等（1994）比较了3种浸提剂NH_4OA_C、DTPA、HCl在不同类型土壤中镉、铅等重金属有效态的提取率，结果表明DTPA适宜提取南方水稻土和北方会灰钙土中有效态镉；褚卓栋等（2008）对比了DTPA－TEA、Mehlich3（M3）、NH_4OA_C 3种作为浸提剂对根际与非根际潮褐土有效态铅、镉的浸提效果，结果表明DTPA提取的有效态镉量与作物镉积累量相关性达极显著水平，DTPA提取有效铅结果与作物积累量相关性最佳。

王颜红等（2010）以辽宁铁岭示范区棕壤为例，考察了DTPA、EDTA、NH_4OAc、$CaCl_2$对棕壤全镉中有效态部分的提取率，发现各提取剂对土壤中有效态镉的提取率顺序为：DTPA＞EDTA＞NH_4OAc＞$CaCl_2$。此外，本研究利用田间试验对比了4种浸提剂提取的有效态镉、铅与农产品中镉、铅的相关性（表2－12）。表2－12显示，4种浸提剂提取有效态镉、铅与农产品中镉、铅含量的相关系数为DTPA＞EDTA＞NH_4OAc＞$CaCl_2$，可见相关性分析结果与提取率高低一致。

表2－12　相关系数比较

形态		镉		铅	
		玉米	大米	玉米	大米
全量		0.16	0.13	0.15	0.12
有效态浸提剂	$CaCl_2$	0.46	0.34	0.32	0.29
	DTPA	0.68	0.61	0.61	0.59
	EDTA	0.58	0.45	0.52	0.40
	NH_4OAc	0.47	0.41	0.35	0.33

上述研究表明，不同提取剂的提取效果不同，而且不同土壤类型适宜的提取剂也不相同。综合考察提取率和相关性，DTPA对不同土壤类型均表现出了较高的提取效果，但该方法尚未形成标准方法。

（5）标准暂未列入重金属有效态指标的原因

大量文献资料表明，重金属全量不能完全表征可吸收性和环境效应，环境标准应考虑重金属有效态指标。然而，研究也证实：一是土壤的pH、有机质含量等会影响重金属在土壤中的存在形态；二是不同的提取方法对重金属有效态的提取率也不尽相同。我国土壤类型众多，即使是同一种污染物在不同的土壤中，由于土壤组成和性质的差别，其存在的形态和价态就会不同，从而对受体的影响也会不同。如果将重金属有效态作为衡量土壤环境的重要指标，那么就需要对不同土壤类型，不同的土壤环境进行分类限定，这对于土壤环境评价工作就会引入大量的工作，且方法代表性选择也增加不少困难。其次，由于目前国际上对重金属有效态的定义尚不明确，国外除日本采用水溶性重金属有效态外，美国、英国、加拿大、荷兰、澳大利亚等国也都采用总量表示。同时，考虑到我国南北土壤性质差异大，对有效态的提取方法也没有统一标准，目前操作起来还存在一些不足。因此有效态指标将在以后的标准修订过程中再予以探讨，目前2013版标准仍仅考察原重金属全量指标。

【实际操作】

(1) 土壤环境质量监测中的质量控制

①土壤样品的采集与保存。按照NY/T 1054的要求完成样品采集后，保存在可封口的洁净塑料袋中，记录样品编号、采样时间等信息，送实验室分析。

采样同时，用全球卫星定位系统（GPS）对样品位置进行精确定位，并在样品采集的同时对采样点周围4个方向的环境进行拍照记录，每个样品都在采样图上编号，登记样品号、采样时间等信息，以便后期的数据分析。

②土壤样品制备。采集后的土壤送到实验室后必须先行制备，首先将样品风干，即将样品全部倒在白色瓷盘内，放置在避光、通风的室内慢慢风干。在至半干状态时压碎土块，除去植物根茎、叶、石块等杂物，铺成薄层，在室温下经常翻动，注意防止阳光直射和尘埃落入及其他污染。土壤样品充分风干后，经过磨碎、过筛、混匀、缩分等步骤制备成粒度小于200目的试样用于分析。

③质控样品的设置。按照《农田土壤环境质量监测技术规范》（NY/T 395—2012）中要求，“每批样品每个项目平行样分析须做10%～15%。5个样品以下，应增加到50%以上”。

平行双样测定结果的误差在NY/T 395—2012表2允许误差范围之内视为合格。对未列出容允误差的方法，当样品的均匀和稳定性较好时，参考NY/T 395—2012中表3的规定。当平行双样测定全部不合格者，重新进行平行双样的测定。

④定期使用有证标准物质进行质量控制。在检测过程中，应对有证标

准物质与待测液同时进行检测，将检测结果与证书给出的量值进行比较，当标准物质得到的分析结果与证书给出的量值在规定限度内一致时，证明待测物质的分析结果是可信的。若标准物质得到的分析结果与证书给出的量值超出允许误差范围，则整批样品报废，必须重测。并查明原因，排除异常因素，使检测体系恢复正常。

⑤全程空白试验。空白试验可消除实验室用水、试剂、器皿、仪器、人员操作等带来的误差。每批次检测必须进行空白试验，且空白试验不得少于2次。

⑥采用方法对比、人员对比、仪器对比等进行复现性检测。

a. 方法对比。通过同一样品不同方法进行检测，可及时发现误差并及时纠正，以保证数据的准确性。

b. 人员对比。不同的检测人员采用相同的仪器设备对同一样品进行平行测定，比较检测人员的测定结果，便于发现由于个人操作引起的误差。

c. 仪器对比。能够检查和验证仪器设备的性能状况，用于判断仪器是否保持着检定和校准时的准确度，以保证检测结果的质量。

⑦检测方法的控制。检测标准或方法应经有效性确认，并随时收集相关信息，及时更新标准或方法，废除或过期的标准或方法不得采用。

⑧检测结果的控制。凡出现检测结果异常（极低或极高），应对该样品进行复检，直至前后两次测定结果基本一致为止。

⑨消解过程质量控制要求。

a. 消解过程使样品中所含被测物由复杂化学形态转化为易于测定的简单化学形态，同时去除某些干扰物。

b. 消解过程中应注意。各类量器和容器的洁净，严格按照规定酸浸泡、清洗和放置；如长期不用，应做空白试验或重新浸泡；每批土壤样品消解，必须进行全程序空白试验或试剂空白试验。

（2）土壤环境质量重金属检测要点与注意事项

①样品前处理。样品前处理通常采用湿化法消解，常用仪器有微波消解仪、重金属消解炉、电热板等，见图2-4。

a. 在电热板上加混酸处理时，如果高氯酸在最后剩下过多，会造成空白过高；微波消解要是没有相应的赶酸设备，再转移到小烧杯赶酸，也会引起污染，因此在前处理上应该是步骤越少越好。

b. 土壤消解过程中避免糊化，如发生糊化应重新取样消解。

c. 在样品消解完全时，要把硝酸彻底赶完，降低干扰。

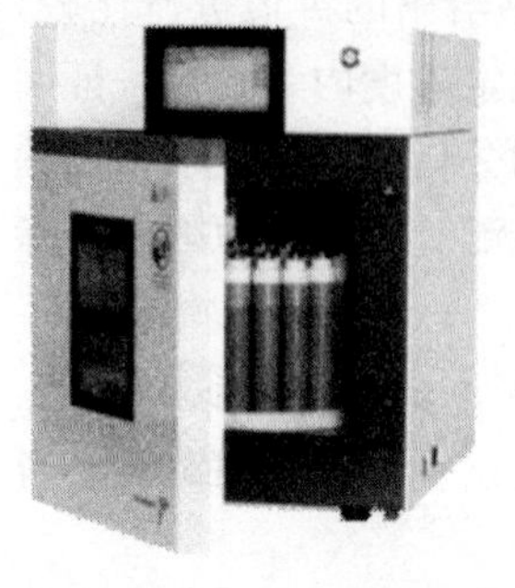

图 2-4　常用重金属消解设备

d. 汞是沸点偏低易挥发的元素，因此在前处理的过程中控制温度尤为重要。微波消解法快速，试剂消耗少，消解完全，但微波消解液酸度大，对于原子荧光法测定砷和汞干扰不明显。当检测汞元素的样品较多导致检测时间过长时，会产生汞的记忆效应，可以通过酸溶液的冲洗来减轻。应用石墨炉原子吸收测定铅时酸度太大会导致背景值升高，且会缩短石墨管使用寿命。因此，使用微波消解法进行石墨炉原子吸收测定时最好进行赶酸，或将消解液转移至敞口容器置于水浴中将棕色烟赶尽。当检测砷元素时，气泡过多会导致样品检测结果降低，需要在样品中添加适量的消泡剂。

②仪器测定。土壤中重金属元素的测定主要采用原子荧光光谱仪、原子吸收光谱仪、电感耦合等离子体发射光谱—质谱联用仪等，见图2-5～图 2-7。

图 2-5　原子荧光光谱仪

图 2-6　原子吸收光谱仪

检测问题及原因分析：

a. 使用火焰法引起结果偏低的可能原因：进样系统堵塞，元素灯故障，燃气和助燃气管路漏气；引起结果偏高的可能原因：火焰噪声大，样品盐分太高，基线变高，可以通过重新回零解决。燃烧缝沾污，可对燃烧

 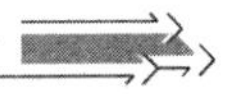

2-7 电感耦合等离子体发射光谱—质谱联用仪

缝进行清洁后再进行测量。

b. 使用石墨炉法检测时引起结果偏低的可能原因：元素灯故障、载气管路漏气；引起结果偏高的可能原因：基线漂移、石墨管老化、记忆效应、石墨炉体沾污。

(3) 其他说明

①旱田指无灌溉设施、靠天然降水生长作物、土地表面不蓄水的田地，主要分布在我国东北三省、黄土高坡、青海西藏等地。在相对气候干旱并且人工水源不能灌溉的地区，多采取这种因地制宜的耕作模式。种植植物包括小麦、玉米、棉花、花生、高粱、果树等。

②水田指城、镇、村庄、独立工矿区内筑有田埂（坎），可以经常蓄水，用于种植水稻等水生作物的土地，南方称为“水稻田”，包括灌溉的水旱轮作地、无灌溉设施的水旱轮作地。水田以种植水稻为主，也可以种植小麦、棉花、油菜等作物。

旱田、水田进行土壤质量监测，先根据申报产品的耕地类型进行分类，然后按照土壤 pH 分类，最后要求 6 个重金属限量值分别满足标准中表 7 的规定。

③其他注意事项。

a. 果园土壤中铜限量值为旱田中铜限量值的 2 倍。如果进行果园土壤监测，假定土壤 pH<6.5，铜检测结果需要≤50×2=100mg/kg，符合规定。

b. 水旱轮作的标准值取严不取宽。如果一块耕地是水旱轮作地，在土壤 pH 一定的条件下，6 个重金属中每 1 种重金属检测结果都必须≤旱田或水田中最小限量值的规定。例如，假定土壤 pH<6.5，标准正文表 7 规定旱田总汞≤0.25mg/kg，水田总汞≤0.30mg/kg，总汞检测结果必须≤0.25mg/kg 才符合要求。

2.5.2　土壤肥力要求

【标准原文】

7.2　土壤肥力要求

土壤肥力按照表8划分。

表8　土壤肥力分级指标

项目	级别	旱地	水田	菜地	园地	牧地	检测方法
有机质，g/kg	Ⅰ Ⅱ Ⅲ	＞15 10～15 ＜10	＞25 20～25 ＜20	＞30 20～30 ＜20	＞20 15～20 ＜15	＞20 15～20 ＜15	NY/T 1121.6
全氮，g/kg	Ⅰ Ⅱ Ⅲ	＞1.0 0.8～1.0 ＜0.8	＞1.2 1.0～1.2 ＜1.0	＞1.2 1.0～1.2 ＜1.0	＞1.0 0.8～1.0 ＜0.8	— — —	NY/T 53
有效磷，mg/kg	Ⅰ Ⅱ Ⅲ	＞10 5～10 ＜5	＞15 10～15 ＜10	＞40 20～40 ＜20	＞10 5～10 ＜5	＞10 5～10 ＜5	LY/T 1233
速效钾，mg/kg	Ⅰ Ⅱ Ⅲ	＞120 80～120 ＜80	＞100 50～100 ＜50	＞150 100～150 ＜100	＞100 50～100 ＜50	— — —	LY/T 1236
阳离子交换量，cmol（＋）/kg	Ⅰ Ⅱ Ⅲ	＞20 15～20 ＜15	＞20 15～20 ＜15	＞20 15～20 ＜15	＞20 15～20 ＜15	— — —	LY/T 1243
注：底泥、食用菌栽培基质不做土壤肥力检测。							

【内容解读】

土壤肥力是土壤为植物生长提供和协调营养条件和环境条件的能力，是土壤各种基本性质的综合表现，同时也是土壤作为自然资源和农业生产资料的物质基础。土壤肥力按成因可分为自然肥力和人为肥力。自然肥力是由土壤母质、气候、生物、地形等自然因素的作用下形成的土壤肥力，是土壤的物理、化学和生物特征的综合表现。人工肥力是指通过人类生产活动，如耕作、施肥、灌溉、土壤改良等人为因素作用下形成的土壤肥力。土壤的自然肥力与人工肥力结合形成的经济肥力，才能为人类生产出更加充裕的农产品。

绿色食品要求并提倡遵循自然规律和生态学原理，在保证农产品安全、生态安全和资源安全的前提下，合理利用农业资源，实现生态平衡、资源利用和可持续发展的长远目标。如何体现这一宗旨性生产理念，通过土壤肥力判定简单易行。

原NY/T 391中，将包括土壤物理性状、养分储量、养分状态3方面的质地、阳离子交换量、有机质、全氮、有效磷、速效钾6个项目指标作为附录A，为综合评价和改进土壤肥力状况作参考。

阳离子交换量的大小，基本代表土壤可能保持的养分数量，可作为评价土壤保肥能力的指标。有机质是存在于土壤中的所含碳的有机物质，通常在一定含量范围内，有机质的含量与土壤肥力水平呈正相关，同时对土壤形成、土壤肥力等方面都有着极其重要的意义。氮素是土壤中活跃的营养元素，作物需求量大，在一定程度上代表土壤的供氮水平。有效磷是土壤中可被植物吸收的磷组分，是土壤磷素养分供应水平高低的指标，在一定程度反映了土壤中磷素的贮量和供应能力。速效钾指示对作物的供钾情况，指导钾肥品种及施用量。

本次修订，将上述5项关键指标列入标准正文表8中，对土壤肥力进行分级划定，同时规定底泥、食用菌栽培基质不做土壤肥力检测。土壤肥力要求不作为判定产地环境质量合格的依据，但作为考察并监测长期绿色食品生产基地的生产模式对土壤质量和养分是否有积极的影响及变化趋势，同时评价对农业种植方式的合理性和对生态系统的保护和优化效果。

【实际操作】

土壤肥力检测要点及注意事项：

阳离子交换量、有机质在检测过程中技术要点及注意事项如下：

①阳离子交换量。阳离子交换量采用LY/T 1243进行测定，该标准包括两个常用的检测方法，乙酸铵交换法和氯化铵—乙酸铵交换法。酸性和中性土壤采用乙酸铵交换法，石灰性土坡可采用氯化铵—乙酸铵交换法。

a. 乙酸铵交换法。优点：乙酸铵与盐基不饱和土壤作用时，释放出来的是弱酸，不致破坏土壤吸收复合体，乙酸铵的缓冲性强，先后交换出来的溶液的pH几乎不变，如需测定溶液中的交换性阳离子组成时，多余的乙酸铵也容易被灼烧分解，因此，此法目前国内外均普遍应用。

缺点：如土壤中的某些黏土矿物吸附铵离子的能力特别强，很难被蒸馏出来，此外乙酸铵能与部分腐殖质形成溶胶而被淋洗，使测定结果偏低，但对某些富含铁、铝的土壤，又因土坡胶体吸附过量的铵离子，不易被乙醇洗去，使测定结果略偏高。

b. 氯化铵—乙酸铵交换法是目前石灰性土壤阳离子交换量测定的较好的方法，测定结果准确、稳定、重现性好，用氯化铵去除样品中的碳酸钙是本法的特点，它不会破坏黏土矿物，并有较快的分析速度，但它也有同乙酸铵交换法相似的缺点。

②有机质。NY/T 391规定土壤中有机质检测采用NY/T 1121.6—2006测定，在加热条件下，用过量的重铬酸钾—硫酸溶液氧化土壤有机碳，多余的重铬酸钾用硫酸亚铁标准溶液滴定，由消耗的重铬酸钾量按氧化校正系数计算出有机碳量，再乘以常数1.724，即为土壤有机质含量。

a. 氧化时，若加0.1g硫酸银粉末，氧化校正系数取1.08。

b. 测定土壤有机质必须采用风干样品。水稻土及一些长期渍水的土壤，由于较多的还原性物质存在，可消耗重铬酸钾，使结果偏高。

c. 本方法不宜用于测定含氯化物较高的土壤。

d. 加热时，产生的二氧化碳起泡不是真正沸腾，只有在真正沸腾时才能开始计算时间。

e. 每批样品最少应设置3个空白样品，空白样品的酸消耗体积偏差大于5%时，应查找原因，并重新称样测试。

f. 滴定样品时消耗酸体积为空白消耗酸体积的1/3～2/3为宜，算消耗体积过大或过小时，应调整称样量重新测定。

g. 样品经硫酸—重铬酸钾氧化后呈绿色，应减小称样量后重新测定。

2.5.3　食用菌栽培基质质量要求

【标准原文】

7.3　食用菌栽培基质质量要求

土培食用菌栽培基质按7.1执行，其他栽培基质应符合表9要求。

表9 食用菌栽培基质要求

项目	指标	检测方法
总汞，mg/kg	≤0.1	GB/T 22105.1
总砷，mg/kg	≤0.8	GB/T 22105.2
总镉，mg/kg	≤0.3	GB/T 17141
总铅，mg/kg	≤35	GB/T 17141

【内容解读】

为满足绿色食品生产及申报需求，增加食用菌栽培基质质量要求。

食用菌是可食用的大型真菌，常包括食药兼用和药用大型真菌。多数为担子菌，如双胞蘑菇、香菇、草菇、牛肝菌等；少数为子囊菌，如羊肚菌、块菌等。食用菌栽培基质是具有适宜的理化性质，用于微生物培养的基质。培养基主料是以满足食用菌生长发育所需要的碳源为主要目的原料，多为木质纤维类的农林副产品，如木屑、棉籽壳、麦秸、稻草等；培养基辅料以满足食用菌生长发育所需要的有机氮为主要目的原料，多为较主料含氮量高的糠、麸、饼肥、鸡粪、大豆粉、玉米粉等。其中，重金属是食用菌栽培基质质量的关键控制项目。

综合《绿色食品 食用菌》(NY/T 749—2012)、《食用菌卫生标准》(GB 7096—2003) 和《无公害食品 食用菌》(NY 5095—2006) 3个标准，确定食用菌中重点监测项目是总铅、总镉、总汞和总砷4个重金属项目表（表2-13)。

表2-13 食用菌（干食用菌）检测项目及指标值

项目	GB 7096—2003	NY/T 749—2012	NY 5095—2006
总铅 (mg/kg)，≤	2.0	2.0	2.0
总镉 (mg/kg)，≤	—	1.0	1.5
总砷 (mg/kg)，≤	1.0	1.0	1.0
总汞 (mg/kg)，≤	0.2	0.2	0.2

同时《无公害食品 食用菌产地环境条件》(NY/T 5358—2007) 中对培养基用土也设置相同重金属项目。通过文献查阅发现，香菇在食用菌中富集重金属能力最强。因此，本着风险最大化原则，选取香菇作为食用

菌代表物质，通过徐丽红等（2007）近 20 篇文献的香菇与培养基中重金属吸收富集相关性方程，应用 NY/T 749 限量值，计算出栽培基质中上述 4 种重金属的临界值（表 2－14）。

表 2－14　确定食用菌栽培基质 4 种重金属限量值表

项目	NY/T 749—2012 限量值（mg/kg，以干重计）	相关性方程计算培养基临界值（mg/kg）	NY/T 391 土壤中限量值（mg/kg）	NY/T 5358 食用菌用土限量值（mg/kg）	拟设置限量值（mg/kg）
总铅	≤2.0	35～40	50	50	35
总镉	≤1.0	0.40～0.45	0.30	0.40	0.3
总砷	≤1.0	0.80～1.05	20～25	25	0.8
总汞	≤0.2	0.098～0.12	0.25～0.35	0.35	0.1

根据拟设定项目及限量值，对 2007—2012 年 44 份食用菌栽培基质检测结果进行汇总（表 2－15），44 个样品的铅符合要求，总镉、总砷、总汞的合格率分别为 95%、93%、84%，总合格率为 84%。这符合绿色食品生产优中选优的原则，验证了指标值设置的合理性。

表 2－15　36 份食用菌栽培基质样品中 4 种重金属检测结果汇总表

项目	拟设置限量值（mg/kg）	含量范围（mg/kg）	超过拟定限量值样品数	符合拟定限量值样品数	每个重金属合格率（%）	44 个样品总合格率（%）
总铅≤	35	未检出（<0.005）～22.6	0	44	100	84
总镉≤	0.3	0.025～0.40	2	42	95	
总砷≤	0.8	未检出（<0.01）～0.94	3	41	93	
总汞≤	0.1	未检出（<0.0001）～0.313	7	37	84	

【实际操作】

食用菌栽培基质检测要点及注意事项如下。

（1）前处理方法及注意事项

食用菌栽培基质主要包括以碳源为主的木质纤维类农林副产品为主料和以含氮量高的糠、麸、饼肥、鸡粪、大豆粉、玉米粉等为辅料的混合物。前处理消解方法与土壤的消解方法基本一致，但也有需要特殊注意的方面。

①由于培养基样品的均质性较土壤差，为保证取样的代表性，应适当增加平行样品数。

②当样品浓度过低时，可适当增加取样量或降低定容体积。

③由于基质比较复杂，检测时应注意基质干扰的影响，在定容的同时，采用基体改进剂进行消除。

（2）检测方法及注意事项

①原子荧光法测定注意事项

a. 原子荧光法测定汞的注意事项。痕量汞的测定，要求实验用水和试剂具有较高的纯度，以尽量降低试剂空白。此外，要求容器和实验室环境也应有较高的洁净度。

b. 原子荧光法测定砷的注意事项。

第一，在盐酸中一般都含有一定量的砷，因此采用优级纯 HCl 可减少空白。同时，在使用前先用少量的 HCl 配制成 10%（V/V）条件下进行对比检验。第二，使用前将用到的各种器皿必须用（1+1）HNO_3 浸泡 24h，然后清洗干净，防止砷的污染。第三，所配制的砷标准贮备液为三价状态，为防止在保存期间砷被氧化，仍建议采用硫脲、硫脲+抗坏血酸、碘化钾预先还原砷（Ⅴ）至砷（Ⅲ），还原速度受温度影响，若室温低于 15℃，至少应放置 30min，样品也必须同样进行预还原。

②石墨炉—原子吸收光谱法测定注意事项

铅、镉采用 GB/T 17141 石墨炉—原子吸收光谱法进行检测，不建议采用火焰—原子吸收光谱法。因为食用菌基质的限量值较土壤低，而且样品中的含量也较低，只有通过选用高灵敏度的石墨炉法降低方法的检出限，才可以更好地监测低含量的重金属。

注意事项主要包括：第一，调整仪器到最佳状态，特别是进样的合适深度和左右位置。进样一定要准确而且稳定，它决定标准曲线的线性和实验的重现性。第二，根据仪器的灵敏度和样品中铅、镉元素的大概浓度合理选择标准曲线的范围，使样品的信号测定落在曲线范围内。需要注意的是标准曲线的酸度要和样品空白和样品的酸度一致。第三，样品成分复杂，用石墨炉原子吸收法直接测定铅、背景吸收严重，原子化时背景干扰严重，需要选择合适的基体改进剂。

第3章

《绿色食品　产地环境调查、监测与评价规范》解读

绿色食品的质量与农业生态环境的水体、土壤、空气三大自然要素息息相关，也与农业产业结构、生态环境保护措施等社会因素有密切的联系。因此，制定一套科学有效的产地环境调查、监测与评价方法，是选择优良生态环境生产绿色食品的基本保证，对绿色食品申报、监管以及绿色食品基地建设可提供指导作用。

原《绿色食品产地环境调查、监测与导则》（NY/T 1054）颁布于2006年，包括产地环境质量信息的捕获—传送—解析—综合评价的全过程，在绿色食品产业发展进程中发挥了很大的作用。但近几年来，我国农产品质量安全形势发生了重大的变化，绿色食品产地环境质量标准也进行了重新修订，相应地环境调查、采样、监测与评价的要求也随之发生变化，而且标准编写要求也有了新的规定，因此有必要对标准进行修订。

3.1　引言与范围

【标准原文】

引　言

根据农业部《绿色食品标志管理办法》和NY/T 391《绿色食品　产地环境质量》的要求，特制定本规范。

产地环境质量状况直接影响绿色食品质量，是绿色食品可持续发展的先决条件。绿色食品的安全、优质和营养特性，不仅依赖合格的空气、水质、土壤等产地环境质量要素，也需要合理的农业产业结构和配套的生态环境保护措施。一套科学有效的产地环境调查、监测与评价方法是保证绿色食品生产基地安全条件的基本要求。

制定《规范》，目的在于规范绿色食品产地环境质量调查、监测、评价的原则、内容和方法，科学、正确地评价绿色食品产地环境质量，为绿色食品认证提供科学依据。同时，要通过以清洁生产和生态保护为基础的农业生态结构调节，保证农业生态系统的主要功能趋于良性循环，达到保护资源、增加效益、促进农业可持续发展的目的，最终实现经济效应和生态安全和谐统一。《规范》制定以立足现实、兼顾长远，以科学性、准确性、可操作性为原则，保证 NY/T 391《绿色食品 产地环境质量》的实施。

1 范围

本标准规定了绿色食品产地环境调查、产地环境质量监测和产地环境质量评价的要求。

本标准适用于绿色食品产地环境。

【内容解读】

（1）增设引言

近年来，面对国内外有机农业、生态农业的蓬勃发展态势，绿色食品面临新的发展机遇与挑战。标准的修订增加引言部分，强调标准是在农业部《绿色食品标志管理办法》和《绿色食品产地环境质量》（NY/T 391—2013）的框架下，遵循绿色食品的全过程质量控制理念，保证科学、规范地完成绿色食品基地环境调查和评价工作，并指导通过良好的生产操作模式、有效的环境保护措施等来保证绿色食品生产基地的可持续发展能力。标准遵循以下原则：

①科学性采纳国内外先进标准、方法及规范，保证调查和评价的真实性、有效性、代表性，控制申报和监管成本，指导农业生态系统的主要功能趋于良性循环，最终保证绿色食品的可持续发展，实现经济效应和生态效益的和谐统一。

②适用性在保证对绿色食品生产环境真实调查和准确评价的基础上，本着实用性和可操作性，满足绿色食品生产企业的申报、各级监测机构的检测和行政主管部门监管需求。

（2）适用范围

标准适用于绿色食品产地环境的调查、采样和评价，是对现场情况的真实反映，最终用于 NY/T391—2013 标准对绿色食品生产环境质量评判。因此，涉及从产地环境全面调查、产地环境质量监测到产地环境质量评价的所有环节和要求。

(3) 主要技术变化

与 NY/T 1054—2006 相比，本标准有以下主要技术变化：

①标准名称：原标准名称为“绿色食品　产地环境调查、监测与评价导则”，但修改后的标准更多体现标准化的工作规范，“导则”不能充分体现该标准的规范操作性，故修改为“绿色食品　产地环境调查、监测与评价规范”，英文名称为“Green food—Specification for field environmental investigation，monitoring an assessment”。

②修改了调查方法。

③增加了食用盐原料产区和食用菌栽培基质内容。

④调整了环境质量免测条件和采样点布设点数。

⑤修改了评价原则和方法。

3.2　产地环境调查

【标准原文】

3　产地环境调查

3.1　调查目的和原则

产地环境质量调查的目的是科学、准确地了解产地环境质量现状，为优化监测布点提供科学依据。根据绿色食品产地环境特点，兼顾重要性、典型性、代表性，重点调查产地环境质量现状、发展趋势及区域污染控制措施，兼顾产地自然环境、社会经济及工农业生产对产地环境质量的影响。

3.2　调查方法

省级绿色食品工作机构负责组织对申报绿色食品的产地环境进行现状调查，并确定布点采样方案。现状调查应采用现场调查方法，可以采取资料核查、座谈会、问卷调查等多种形式。

【内容解读】

(1) 调查目的

绿色食品产地是指绿色食品的初级农产品和农产品深加工原料的生长地。调查是了解绿色食品生产环境情况的第一步，唯有在绿色食品生产基地进行现场调查才能真正对申报企业全面了解，更好地保证产地环境的真实性，因此，产地环境调查非常必要。开展绿色食品产地调查的目的是科学、准确地了解产地环境状况、影响因素、可能污染来源以及潜在环境风险，为优化监测布点提供科学依据。

（2）调查原则

调查原则是开展产地环境调查的基本依据和指导思想。根据绿色食品生产特点和绿色食品产地环境要求，在开展产地环境调查时一般应做到以下几点。

①全面了解生产区域土地利用方式、发展趋势及区域污染控制措施。

②重点调查生产基地所处的地理环境、土地利用现状及历史污染情况。

③细化调研区域已有污染源或可能污染源的调查，初步确定其影响范围和影响程度。

④兼顾产地自然环境、社会经济及工农业生产现状及未来发展规划。因此，调查原则应做到全面掌握、突出重点、兼顾其他。

（3）调查方法

产地环境调查的组织者是省级绿色食品工作机构，省级绿色食品工作机构一般委托检测机构对申报产品产地环境进行现场调查，调查方式可以包括资料核查、座谈会、问卷调查、现场等多种形式。

【标准原文】

3.3 调查内容

3.3.1 自然地理：地理位置、地形地貌。

3.3.2 气候与气象：该区域的主要气候特性，年平均风速和主导风向、年平均气温、极端气温与月平均气温、年平均相对湿度、年平均降水量、降水天数、降水量极值、日照时数。

3.3.3 水文状况：该区域地表水、水系、流域面积、水文特征、地下水资源总量及开发利用情况等。

3.3.4 土地资源：土壤类型、土壤肥力、土壤背景值、土壤利用情况。

3.3.5 植被及生物资源：林木植被覆盖率、植物资源、动物资源、鱼类资源等。

3.3.6 自然灾害：旱、涝、风灾、冰雹、低温、病虫草鼠害等。

3.3.7 社会经济概况：行政区划、人口状况、工业布局、农田水利和农村能源结构情况。

3.3.8 农业生产方式：农业种植结构、生态养殖模式。

3.3.9 工农业污染：包括污染源分布、污染物排放、农业投入品使用情况。

3.3.10 生态环境保护措施：包括废弃物处理、农业自然资源合理利用；生态农业、循环农业、清洁生产、节能减排等情况。

3.4　产地环境调查报告内容

根据调查、了解、掌握的资料情况，对申报产品及其原料生产基地的环境质量状况进行初步分析，出具调查分析报告，报告包括如下内容：

——产地基本情况、地理位置及分布图；

——产地灌溉用水环境质量分析；

——产地环境空气质量分析；

——产地土壤环境质量分析；

——农业生产方式、工农业污染、生态环境保护措施等；

——综合分析产地环境质量现状，确定优化布点监测方案；

——调查单位及调查时间。

【内容解读】

(1) 调查内容

产地环境调查是对整个产地环境适宜性的先期评价，同时也是后续监测、评价工作的基础。因此，产地环境调查内容应尽量全面、重点突出。调查内容一般涵盖调查区域的自然地理情况、气候条件、水文、土地利用、植被及生物资源、社会经济等，同时重点突出当地农业生产方式、工农业发展现状及其污染情况等对农产品安全造成影响的主要因素。通过完善的产地环境调查内容设置，为判定调查区域产地是否符合绿色食品发展要求提供依据，同时也是为后续优化监测布点提供科学依据。绿色食品产地环境质量现状调查表见表3-1。

表3-1　绿色食品产地环境质量现状调查表

<table>
<tr><td>企业名称</td><td colspan="3"></td><td>产品名称</td><td></td></tr>
<tr><td>被调查者</td><td colspan="5"></td></tr>
<tr><td>联系电话</td><td></td><td>邮编</td><td></td><td>调查时间</td><td></td></tr>
<tr><td>灌溉水源</td><td></td><td>水质</td><td colspan="3">□未监测×，已监测√（见附件）</td></tr>
<tr><td>加工水源</td><td></td><td>水质</td><td colspan="3">□未监测×，已监测√（见附件）</td></tr>
<tr><td>养殖水源</td><td></td><td>水质</td><td colspan="3">□未监测×，已监测√（见附件）</td></tr>
<tr><td>地方病</td><td>□无×有√</td><td colspan="4">□地方性甲状腺肿　□克汀病　□氟中毒　□砷中毒
□砣中毒　□大骨节病</td></tr>
<tr><td colspan="4">上风向5km范围内有无工矿企业废气污染源</td><td colspan="2">□　有√，无×</td></tr>
</table>

（续）

<table>
<tr><td colspan="3">渔业养殖区周围1km内有无工矿企业和城镇</td><td colspan="3">□ 有√，无×</td></tr>
<tr><td colspan="3">畜禽圈养区周围1km内有无工矿企业和城镇</td><td colspan="3">□ 有√，无×</td></tr>
<tr><td colspan="3">产地周围5km内、主导风向20km内有无工矿企业废气污染源，3km范围内有无燃煤锅炉排放源</td><td colspan="3">□ 有√，无×</td></tr>
<tr><td colspan="3">产地3km范围内有无垃圾填埋场、电厂灰场</td><td colspan="3">□ 有√，无×</td></tr>
<tr><td colspan="3">是否受工业固体废物和危险废物的污染影响</td><td colspan="3">□ 是√，否×</td></tr>
<tr><td colspan="2">是否施用下列农药和化肥
（需有证明材料）</td><td>□ 是√
□ 否×</td><td colspan="3">□ 有机汞 □有机砷
□ 污泥 □垃圾多元肥料
□ 大量引进的外源有机肥
□ 稀土肥料</td></tr>
<tr><td colspan="3">有无土壤环境背景值或土壤环境质量监测资料</td><td colspan="3">□有√（附件），无×</td></tr>
<tr><td colspan="3">是否使用污水灌溉或进行过客土改良</td><td colspan="3">□ 是√，否×</td></tr>
<tr><td rowspan="3">调查结论</td><td>免测环境</td><td></td><td></td><td></td><td></td></tr>
<tr><td>免测理由</td><td></td><td></td><td></td><td></td></tr>
<tr><td>补测项目</td><td colspan="4"></td></tr>
</table>

（2）调查报告

产地环境调查报告内容是对产地调查工作的总结，是根据调查、了解和掌握的资料情况，对生产基地的环境质量进行分析，初步判定产地环境是否有必要继续开展产地环境监测与评价。出具产地环境调查报告，主要内容应至少包括以下几点。

①产地环境自然情况及地理分布图，对申报产地的地理位置、规模、气候条件，工业生产情况以及其他自然情况进行阐述。

②产地灌溉用水、空气、土壤环境质量情况，对申报产地的空气、灌溉用水及土壤的情况进行初步分析，判断有无污染或潜在污染源。

③农业生产方式、农资投入情况、生态环境保护措施等。

④主要结论与建议，给出产地是否可以免测、补测，或不适合发展绿色食品的结论，并给出相应的建议。

【实际操作】

某农民种植专业合作社拟发展绿色产业，产品类型为露地蔬菜初级农产品（白菜），基地位置位于203国道附近，面积约5 000亩，合作社委托当地县绿色食品发展办公室向省绿色食品发展中心提出绿色食品申请。

省中心收到申请并受理后，启动绿色食品认证工作程序。

在开展产地环境监测与评价之前，需要对产地环境进行产地环境调查，其工作流程如下：

①经省绿色食品发展中心组织和沟通，确定产地调研的时间、方式、日程安排及座谈人员。

②准备调研所需的资料，调查表、地图、问卷调查表、照相机等。

③产地现场考察，明确基地位置及范围，按照调研内容做好基本情况记录及拍照。

④召开座谈会或采用问卷调查，了解合作社的发展规划，生产情况及周边污染情况等，并搜集基地的自然情况、气候等相关资料。

⑤对调查情况进行总结，形成产地环境调查报告，对所形成的结论和建议反馈给县绿色食品发展办公室和合作社（图 3－1）。

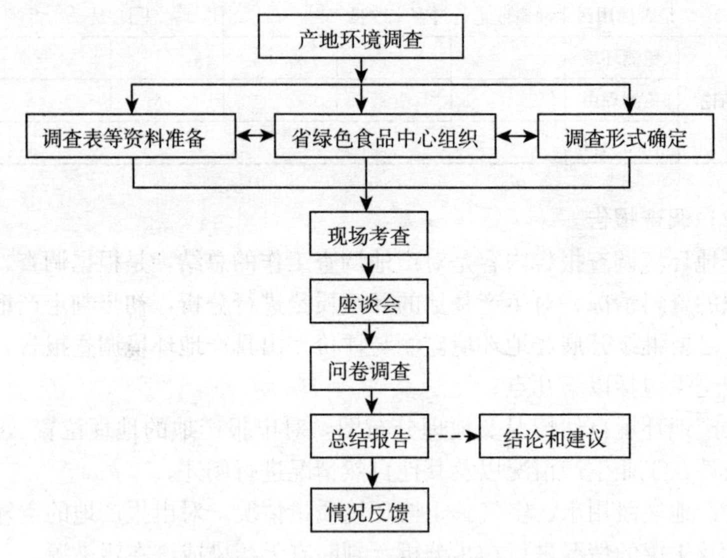

图 3－1　产地环境调查流程

3.3　产地环境质量监测

3.3.1　空气监测

【标准原文】

4　产地环境质量监测

4.1 空气监测

4.1.1 布点原则

依据产地环境调查分析结论和产品工艺特点，确定是否进行空气质量监测。进行产地环境空气质量监测的地区，可根据当地生物生长期内的主导风向，重点监测可能对产地环境造成污染的污染源的下风向。

4.1.2 样点数量

样点布设点数应充分考虑产地布局、工矿污染源情况和生产工艺等特点，按表1的规定执行；同时还应根据空气质量稳定性以及污染物对原料生长的影响程度适当增减，有些类型产地可以减免布设点数，具体要求详见表2。

表1 不同产地类型空气点数布设

产地类型	布设点数，个
布局相对集中，面积较小，无工矿污染源	1～3个
布局较为分散，面积较大，无工矿污染源	3～4个

表2 减免布设空气点数的区域情况

产地类型	减免情况
产地周围5km，主导风向的上风向20km内无工矿污染源的种植业区	免测
设施种植业区	只测温室大棚外空气
养殖业区	只测养殖原料生产区域的空气
矿泉水等水源地和食用盐原料产区	免测

【内容解读】

（1）布点原则

空气质量是影响产品质量的因素之一，先根据产地环境调查报告结论和产品工艺特点，确定是否进行空气质量监测：

①产地周围5km，主导风向的上风向20km内没有工矿污染源的种植业区，对产品质量的影响较小，可以免测空气。

②在矿泉水和食用盐（包括海盐、湖盐、井矿盐）生产过程中，空气对产品品质影响很小，因此，矿泉水水源地和食用盐原料产区可设为大气质量免测地域。

③设施种植业区，作物生长环境相对封闭，作物在光合、呼吸作用过程中不会产生对作物生长和农产品安全质量有影响的监测气体；在设施通风过程中，设施外空气会显著影响设施内空气质量。因此，在设施种植业区，只监测设施外大气质量。

④养殖业区，无论畜禽养殖还是水产养殖，大气对养殖产品的质量直接影响可以忽略；养殖饲料原料会受到生产基地空气的影响，并通过生物富集和食物链影响到养殖产品的质量。因此，对于养殖业，只监测养殖用原料生产区域的空气。

(2) 布点数目

监测布设的样点数量主要考虑产地布局、规模，工矿污染源位置和生产工艺等情况。参考《农区环境空气质量监测技术规范》（NY/T 397—2000)、《无公害农产品产地环境评价准则》（NY/T 5295—2015)、《无公害农产品（种植业）产地环境监测与评价技术规范》（DB51/T 1068—2010)、《温室蔬菜产地环境质量评价标准》（HJ 333—2006)、《蔬菜生产基地环境质量监测与评价技术规范》（DB 11/T 325—2010)，布点设置如下。

①无工矿污染源的区域，产地布局相对集中，小于 4 000hm^2 规模面积，布设 1～3 个采样点。

②无工矿污染源的区域，布局比较分散，面积大于 4 000hm^2，布设 3～4 个采样点。

③大气污染物是随着风向进行扩散，应重点监测可能对产地环境造成污染的污染源下风向。

【标准原文】

4.1.3 采样方法

a) 空气监测点应选择在远离树木、城市建筑及公路、铁路的开阔地带，若为地势平坦区域，沿主导风向 45°～90°夹角内布点；若为山谷地貌区域，应沿山谷走向布点。各监测点之间的设置条件相对一致，间距一般不超过 5 km，保证各监测点所获数据具有可比性。

b) 采样时间应选择在空气污染对生产质量影响较大的时期进行，采样频率为每天 4 次，上下午各 2 次，连采 2 d。采样时间分别为：晨起、午前、午后和黄昏，每次采样量不得低于 10 m^3。遇雨雪等降水天气停采，时间顺延。取 4 次平均值，作为日均值。

c) 其他要求按 NY/T 397 规定执行。

4.1.4 监测项目和分析方法

按 NY/T 391 的规定执行。

【内容解读】

(1) 样点布设

①监测点的布设应避免干扰，保证空气样品具有良好的代表性，能够真实反映一定范围内的大气质量污染的水平和规律。树林、城市建筑等会干扰空气的流动，影响空气样品的均匀性；公路、铁路等交通干线由于存在汽车尾气、土壤扬尘、轮胎或铁轨磨损粉尘等，会对大气质量产生影响。因此、采样点应布设在避开树林、建筑物、公路及铁路的开阔地带。

②地形、地貌会影响大气的流动与分布，对于地势平坦区域，一般沿主导风向 45°～90°夹角内布点，均匀布点；若为山谷地貌区域，应沿山谷走向布点。各监测点之间的设置条件相对一致，保证各监测点所获数据具有可比性。

③对于存在污染源影响的产地环境，大气采样点可采用放射型布点，沿着污染源的方向，样点位置逐渐扩大，但样点之间最大间距不超过 5km（图 3－2）。

④养殖饲料原料生产基地空气的监测布点，根据基地规模和布局情况，参照以上情况安排布点。

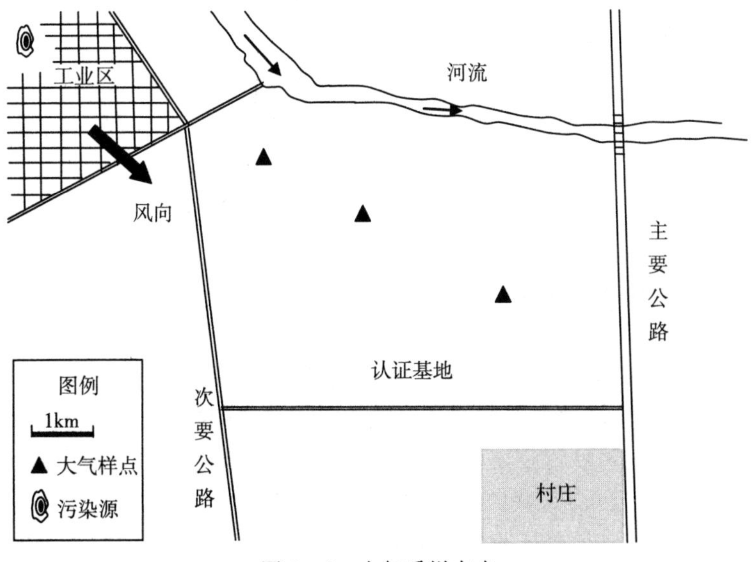

图 3－2 大气采样布点

(2) 采样时间及采样量

①大气质量会受到气候条件、季节、风向及其他多种因素的影响，因此，采样时间应选择在空气污染对生产质量影响较大的时期进行。

②为了避免某一天可能存在的偶然性，大气采样设为连续2d。

③考虑到大气在一天中的变化规律，为保证样品的代表性，大气采样频率设为每天4次，上午、下午各2次，采样时间分别为：晨起、午前、午后和黄昏（由于我国地域面积辽阔，采样时间无法统一，因此只规定晨起、午前、午后和黄昏4个时间段)，具体时间根据当地情况决定，每次时间间隔至少1小时。取4次平均值，作为日均值。

④采样高度。a. 二氧化硫、氮氧化物、总悬浮颗粒物的采样高度一般为3～15m，以5～10m为宜，氟化物采样高度一般为3.5～4m，采样口与基础面应有1.5 m以上的相对高度，以减少扬尘的影响。b. 农业生产基地大气采样高度基本与植物高度相同。c. 特殊地形地区可视情况选择适当的采样高度。

⑤遇雨雪等降水天气停采，时间顺延。

⑥为保证监测数据的可靠性，每次采样量不得低于10m³。一般检测实验室使用的天平是万分之一天平，即有效读数到0.000 1g。这类天平能精确读数到千分位，而万分位为估读位。因此，为了保证称重结果的准确性，样品量必须大于0.001 0g，结果如果小于这个值，例如为0.000 8g，8为估读数值，该结果并不可信。《绿色食品产地环境质量》(NY/T 391—2013) 标准规定总悬浮颗粒物的限量值为0.30mg/m³。以该值为例，为保证结果的准确性，采样重量要达到0.003 0g，即3.0mg，相应的大气采样体积为10m³。对于空气较为清洁的地区，总悬浮颗粒物颗粒物含量一般会远小于0.30mg/m³，为了保证采集足够的颗粒物满足万分之一天平的读数准确要求，采样体积相应的也要大于10m³。因此，本标准规定“每次采样量不得低于10m³”。

(3) 质控样品采集

①室内空白。空气中氮氧化物、二氧化硫的样品系由采样泵采自于环境空气，制作校准曲线的标准溶液系由相应的化学试剂所配制，二者存有显著的差异。实验室的空白只相当于校准曲线的零浓度值。因此，氮氧化物、二氧化硫这两项目在实验室分析时不必另做实验室内空白实验。

②现场空白。a. 采集二氧化硫和氮氧化物样品时，应加带一个现场空白吸收管，和其他采样吸收管同时带到现场。该管不采样，采样结束后和其他采样吸收管一并送交实验室。此管即为该采样点当天该项目的静态

现场空白管。样品分析时测定现场空白值，并与校准曲线的零浓度值进行比较。如现场空白值高于或低于零浓度值，且无解释依据时，应以该现场空白值为准，对该采样点当天的实测数据加以校正。当现场空白高于零浓度值时，分析结果应减去两者的差值，现场空白低于零浓度值时，分析结果应加上两者差值的绝对值。采用上法可消除某些样品测定值低于校准曲线空白值的不合理现象。b. 采集氟化物使用的滤膜（或石灰滤纸）现场空白：将浸泡好的滤膜（或石灰滤纸）带到采样现场。

（4）监测项目

空气监测项目包括总悬浮颗粒物、二氧化硫、二氧化氮和氟化物。

【实际操作】

①到达采样地点后，安装好采样装置。试启动采样器 2～3 次，检查气密性，观察仪器是否正常，吸收管与仪器之间的连接是否正确，调节时钟与手表对准，确保时间无误。

②按时开机、关机。采样过程中应经常检查采样流量，及时调节流量偏差。对采用直流供电的采样器应经常检查电池电压，保证采样流量稳定。

③用滤膜采样时，安放滤膜前应用清洁布擦去采样夹和滤膜支架网表面的尘土，滤膜毛面朝上，用镊子夹入采样夹内，严禁用手直接接触滤膜。用螺丝固定和密封滤膜时拧力要适当，以不漏气为准。采样后取滤膜时，应小心将滤膜毛面朝内对折。将折叠好的滤膜放在表面光滑的纸袋或塑料袋中，并储于盒内。要特别注意有无滤膜屑留在采样夹内，应取出与滤膜一起称重或测量。采样的滤膜应注意是否出现物理性扭伤及采样过程中是否有穿孔漏气现象，一经发现，此样品滤膜作废。用于采集氟化物的滤膜或石灰滤纸，在运输保存过程中要隔绝空气。

④用吸收液采气时，温度过高、过低对结果均有影响。温度过低时吸收率下降，过高时样品不稳定。故在冬季、夏季采样吸收管应置于适当的恒温装置内，一般使温度保持在 15～25℃为宜。而二氧化硫采集温度则要求在 23～29℃。氮氧化物采样时要避光。

⑤采样过程中采样人员不能离开现场，注意避免路人围观影响，不能在采样装置附近吸烟，应经常观察仪器的运转状况。随时注意周围环境和气象条件的变化，并认真作好记录。

⑥采样记录填写要与工作程序同步。完成一项填写一项。不得超前或后补。填写记录要翔实。内容包括：样品名称、采样地点、样品编号、采

样日期、采样开始与结束的时间、采样数量，采样时的温度、压力、风向、风速、采样仪器、吸收液情况说明等，并有采样人签字。

⑦环境空气样品标签见图 3-3。

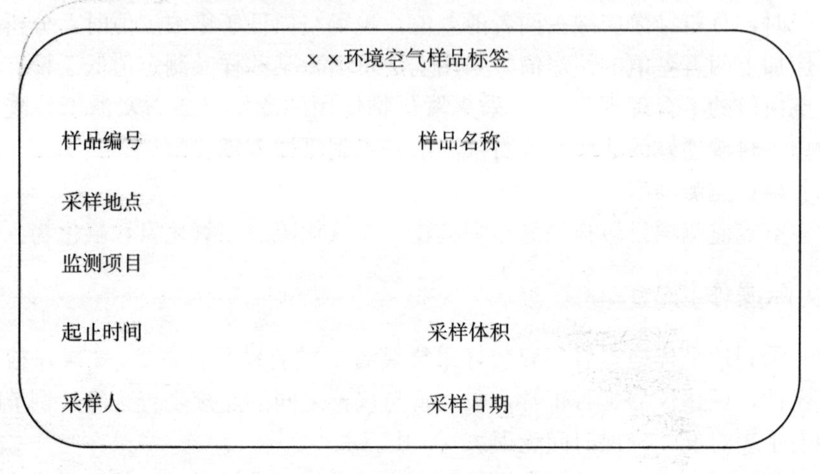

图 3-3　环境空气样品标签

3.3.2　水质监测

【标准原文】

4.2　水质监测

4.2.1　布点原则

a）水质监测点的布设要坚持样点的代表性、准确性和科学性的原则。

b）坚持从水污染对产地环境质量的影响和危害出发，突出重点，照顾一般的原则。即优先布点监测代表性强，最有可能对产地环境造成污染的方位、水源（系）或产品生产过程中对其质量有直接影响的水源。

4.2.2　样点数量

对于水资源丰富，水质相对稳定的同一水源（系），样点布设 1 个～3 个，若不同水源（系）则依次叠加，具体布设点数按表 3 规定执行。水资源相对贫乏、水质稳定性较差的水源及对水质要求较高的作物产地，则根据实际情况适当增设采样点数；对水质要求较低的粮油作物、禾本植物等，采样点数可适当减少，有些情况可以免测水质，详见表 4。

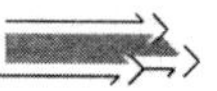

表3 不同产地类型水质点数布设表

产地类型		布设点数（以每个水源或水系计），个
种植业（包括水培蔬菜和水生植物）		1
近海（包括滩涂）渔业		1～3
养殖业	集中养殖	1～3
	分散养殖	1
食用盐原料用水		1～3
加工用水		1～3

表4 免测水质的产地类型情况表

产地类型	布设点数（以每个水源或水系计）
灌溉水系天然降雨的作物	免测
深海渔业	免测
矿泉水水源	免测

【内容解读】

灌溉水或养殖用水的采集，从水污染对产地环境质量的影响和危害出发，坚持突出重点、照顾一般的原则。即优先布点监测代表性强，最有可能对产地环境造成污染的方位、水源（系）或产品生产过程中对其质量有直接影响的水源。

①对于天然降雨为灌溉水的地区，可以不采集水样。

②深海渔业一般具有曲折迂回的海岸线，复杂的水文状况，再加上充沛的降水，深海渔业的水质相对稳定，这种产地类型的水质一般可以免测。

③矿泉水水源地相对固定，并且和其最终产品差异不大，此类水样可以免测。

④对于同一水源（系），水质相对均匀、稳定，种植业（包括食用菌）、加工业、食用盐加工、集中养殖业及近海渔业等，根据其规模，水样点布设1～3个。水源（系）不相同的情况下，则依次叠加。

⑤以地下水作为灌溉水源的地区，根据种植生产规模或养殖规模，结合地下水系分布情况，水样点布设1～3个。

⑥若水资源相对贫乏，水质稳定性一般较差，则根据实际情况适当增

设采样点数。对水质要求较高的作物产地，可根据实际情况适当增设采样点数。

【实际操作】

某县位于长江三角洲北翼，南靠长江，东、北两面濒临黄海，海堤向上陆域之内河沟纵横交错，海堤岸向外拥有104万亩滩涂和100多万亩辐射沙洲，得天独厚的水域滩涂资源促进了海洋渔业的持续快速发展。该县某企业建立了约1万亩海参养殖基地，拟开展绿色食品开发。该基地三面环山，一面临海，呈近似长方形形状。对于该基地的水质监测布点方案如下：

①该水产养殖基地规模1万亩，规模中等，水源来自黄海近海。

②该养殖基地以5亩左右的养殖塘为单位，集中而成，每个塘相对独立，养殖用水存在互通。

③公司制定统一的养殖方式和方法，并负责养殖农户技术指导。

④该水产养殖基地形状较为规则，近似长方形。

针对以上情况，对该基地布设3个水质监测点位，采用均匀布点方法，布点见图3-4。

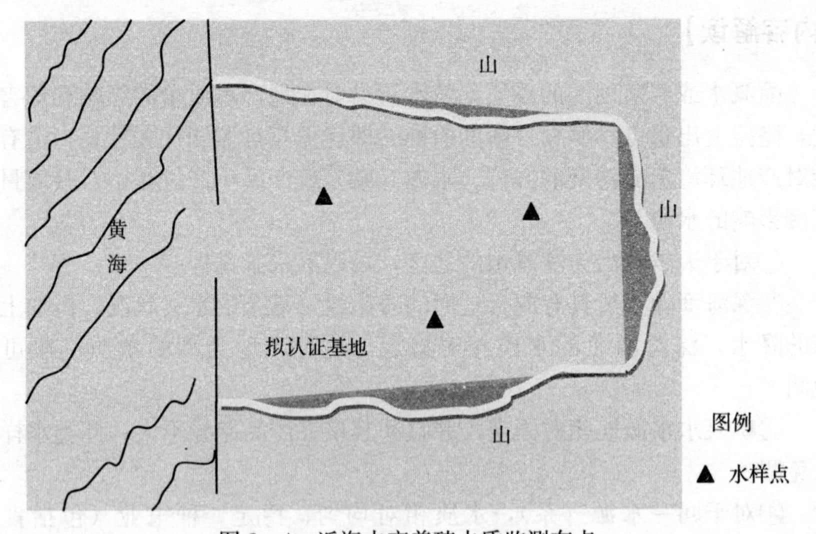

图3-4 近海水产养殖水质监测布点

【标准原文】

4.2.3 采样方法

采样时间和频率：种植业用水在农作物生长过程中灌溉用水的主要灌

期采样1次；水产养殖业用水，在其生长期采样1次；畜禽养殖业用水，宜与原料产地灌溉用水同步采集饮用水水样1次；加工用水每个水源采集水样1次。

其他要求按NY/T 396的规定执行。

4.2.4 监测项目和分析方法

按NY/T 391的规定执行。

【内容解读】

（1）采样方法

水质监测采样时间和采样方法决定了样品是否具有代表性，因此，必须对水质监测取样方法进行详细规定。

①在没有突发污染的情况下，近海水质、养殖用水、加工用水及地下水水源（系）固定，水质相对稳定，对产品的影响也相对稳定，因此，在整个产品周期，取样1次即可。

②地表河流水质会受季节（枯水期、丰水期）的影响，就大田裸地作物而言，其主要生长期均处于夏季和秋季，一般处于丰水期，水质不会发生非常大的变化。因此，虽然每次灌溉均会对作物生长和产品质量产生影响，但考虑到水质变化不大，水质监测采样时间一般都选在对产品质量影响最大的期间（即主要灌溉期）进行，频率为每个水源采集1次。

③对于同一水源（系），其水质在垂直方向上存在一定差异。因此，监测点的设置和选取至关重要。对于常年宽度大于30m，水深大于5m的河流，应在所定监测断面上分左、中、右3处取样点，采样时应在水面下0.3～0.5m处和距河底2m处各采集水样1个分别测定；对于小于以上水深的河流，一般可在确定的采样断面中点处，在水面下0.3～0.5m处采集1个样即可。

（2）质控样品的采集

①现场空白样。在采样现场以纯水做样品，按测定项目的采集方法和要求，在样品同等条件下瓶装、保存、运输，送交实验室进行分析。现场空白样的测定值在一定程度上反映了采样环节对测试结果的影响。

②现场平行样品。在采样现场采样人员在完全相同的条件下采集平行双样，到实验室后作为密码样进行分析。因编号有所不同，对检测人员而言是未知的，是有效的一种质控。

③现场空白样和现场平行样品。采集数量各控制在采样总数的10%左右，或在每批次采2个样品。

(3) 监测项目和分析方法

监测项目和分析方法按 NY/T 391 的规定执行。

【实际操作】

(1) 采样计划制订

采样前应制订采样计划，确定采用点位、时间和路线，人员分工，样品容器和交通工具等。

(2) 容器的准备

样品容器要求材质化学稳定性好，器壁不溶性杂质含量极低，对被测成分吸附少和抗挤压的材料，应采用聚乙烯塑料和硬质玻璃。装水样之前，通常用洗涤剂清洗，用自来水冲洗干净，再用10%硝酸至少浸泡8h，用自来水冲洗干净，然后用蒸馏水漂洗3次。

(3) 采样器准备

采样器可采用聚乙烯塑料水桶、单层采水器和有机玻璃采水器。

(4) 水样采集

一般采集瞬时样，采集时，注意不要搅动底部沉积物，应先用水样洗涤取样瓶和塞子2～3次，然后装入水样。

(5) 采样量

由监测项目决定，实际采水量为实际用量的3～5倍。一般采集2 000mL即可达到要求。

(6) 样品保存及运输

样品按《农用水源环境质量监测技术规范》(NY/T 396）保存。样品需要尽快运回实验室检测，应防止样品在运输中因震荡、碰撞而导致破损或沾污。

(7) 农用水样品标签

见图3-5。

3.3.3　土壤监测

【标准原文】

4.3　土壤监测

4.3.1　布点原则

绿色食品产地土壤监测点布设，以能代表整个产地监测区域为原则；不同的功能区采取不同的布点原则；宜选择代表性强、可能造成污染的最

××农用水样品标签	
样品编号	样品名称
采样地点	
监测项目	
保存剂及数量	采样体积
采样人	采样日期

图 3-5 农用水样品标签

不利的方位、地块。

4.3.2 样点数量

4.3.2.1 大田种植区

按照表 5 的规定执行，种植区相对分散，适当增加采样点数。

表 5 大田种植区土壤样点数量布设表

产地面积	布设点数
2 000 hm^2 以内	3 个～5 个
2 000 hm^2 以上	每增加 1 000 hm^2，增加 1 个

4.3.2.2 蔬菜露地种植区

按照表 6 的规定执行。

表 6 蔬菜露地种植区土壤样点数量布设表

产地面积	布设点数
200 hm^2 以内	3 个～5 个
200 hm^2 以上	每增加 100 hm^2，增加 1 个
注：莲藕、荸荠等水生植物采集底泥。	

4.3.2.3 设施种植业区

按照表 7 的规定执行，栽培品种较多、管理措施和水平差异较大，应适当增加采样点数。

表 7 设施种植业区土壤样点数量布设表

产地面积	布设点数
100 hm^2 以内	3 个
100 hm^2～300 hm^2	5 个
300 hm^2 以上	每增加 100 hm^2，增加 1 个

4.3.2.4 食用菌种植区

根据品种和组成不同，每种基质采集不少于 3 个。

4.3.2.5 野生产品生产区

按照表 8 的规定执行。

表 8 野生产品生产区土壤样点数量布设表

产地面积	布设点数
2 000 hm^2 以内	3 个
2 000 hm^2～5 000 hm^2	5 个
5 000 hm^2～10 000 hm^2	7 个
10 000 hm^2 以上	每增加 5 000 hm^2，增加 1 个

4.3.2.6 其他生产区域

按照表 9 的规定执行。

表 9 其他生产区域土壤样点数量布设表

产地类型	布设点数
近海（包括滩涂）渔业	不少于 3 个（底泥）
淡水养殖区	不少于 3 个（底泥）
注：深海和网箱养殖区、食用盐原料产区、矿泉水、加工业区免测。	

【内容解读】

土壤布点原则应坚持“哪里有污染就在哪里布点”，即选择已经证实受到污染的或怀疑受到污染的地块。如果采样地块处于污灌区或在污灌区附近，采样点应选在距离污染区较近之处；若采样地块附近有废气污染源，采样点应选在废气排放的下风向。以达到发现问题、避免危害的目

 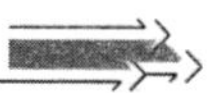

的。如不存在污染源，就要充分考虑样品的代表性，样点布设应该均匀分布，不要留有死角。

样点数量根据不同产地类型和产地面积确定，蔬菜露地种植相对于其他大田种植生产，存在农业投入品数量大、种类多，土壤、气候易被改变，生物潜能被弱化等诸多问题，所以在参考农业部《农田土壤环境质量监测规范》（NY/T 395—2012）和北京市《蔬菜生产基地环境质量监测与评价技术规范》（DB11/T 325—2010），确定了样点数。

①大田种植区。面积较大，作物种类相对较少。产地面积在2 000 hm^2 以内，布设 3～5 个采样点；面积在 2 000hm^2 以上，面积每增加 1 000hm^2，增加 1 个采样点。

②蔬菜露地种植区。面积较小，相对集中，但作物种类相对较多。产地面积在 200hm^2 以内，布设 3～5 个采样点；面积在 200hm^2 以上，面积每增加 100hm^2，增加 1 个采样点。

③设施种植业区。栽培品种一般较多，由于栽培管理水平不同，导致每个大棚具体小环境都不一样，每个地块之间个体差异更大，对绿色食品产品质量有很大影响，所以布设样点数量不同于大田种植区、蔬菜露地种植区，可适当增加采样点数。产地面积在 100hm^2 以内，布设 3 个采样点；面积在 100～300hm^2，布设 5 个采样点；面积在 300 hm^2 以上，每增加 100 hm^2，增加 1 个采样点。如果栽培品种较多、管理措施和水平差异较大，应适当增加采样点数。

④野生产品生产区。面积大，大多数是自然生长状态，人为干扰相对少。原标准中野生产品生产区，对土壤地形变化不大、土质均匀、面积在 2 000hm^2 以内的产区，一般布设 3 个采样点；面积在 2 000～5 000hm^2，布设 5 个采样点；面积在 5 000～10 000hm^2，布设 7 个采样点；面积在 10 000hm^2 以上，每增加 5 000hm^2，增加 1 个采样点。

⑤对于淡水养殖和近海养殖业。一般布设不少于 3 点的底泥监测。

⑥对产品质量影响小的产地类型。如食用盐原料产区、矿泉水、深海和网箱养殖区和加工业区可以免测土样。对于山区、丘陵、园艺作物等区域较大、区域内土壤类型、地形较复杂、工作任务和精密度要求比较高的产地类型，应适当加大取样点密度。

【标准原文】

4.3.3 采样方法

a）在环境因素分布比较均匀的监测区域，采取网格法或梅花法布点；

在环境因素分布比较复杂的监测区域，采取随机布点法布点；在可能受污染的监测区域，可采用放射法布点。

b）土壤样品原则上要求安排在作物生长期内采样，采样层次按表10的规定执行，对于基地区域内同时种植一年生和多年生作物，采样点数量按照申报品种，分别计算面积进行确定。

c）其他要求按NY/T 395的规定执行。

表10　不同产地类型土壤采样层次表

产地类型	采样层次，cm
一年生作物	0～20
多年生作物	0～40
底泥	0～20

4.3.4　监测项目和分析方法

土壤和食用菌栽培基质的监测项目和分析方法按NY/T 391的规定执行。

【内容解读】

（1）采样方法

土壤质量会受到土壤类型、地形、耕作方式、作物类型等因素的影响。因此，对土壤的布点和采样方法需考虑以上因素。采样时间一般在作物生长期内。

①产地类型为山地。监测区域的环境因素分布相对比较复杂，采样区地块比较分散，可先将区域分区，形成不同的环境因素分布相对比较均匀的亚区，采用简单或系统随机布点法进行布点。如果产地所在的监测区域可能受污染，则以污染源为中心，采用放射布点法进行采样。

②布点方法。在比较均匀的监测区域，采取网格法或梅花法布点；在环境因素分布比较复杂的监测区域，采取蛇形法或随机布点法布点；在可能受污染的监测区域，可采用放射法布点。

③土壤样品一般采集多点混合样品。每个土壤点位，为至少3个及以上不同位置处土壤样品的混合样，混合样品量不低于1kg。

④作物由于生长年限的不同造成不同的耕作层，因此采集不同层次的土样。一年生作物采集0～20cm土层，多年生作物采集0～40cm土层，底泥采集0～20cm泥层。

（2）注意事项

①采样工具不应使用铁锹、铁铲等含有金属元素的器皿，避免土壤样品受到重金属污染。

②采样位置应避开坟墓、粪堆等，保证样品的代表性。

③土壤样品标签一式两份，一份放在样品袋内，一份系在或贴在样品袋外，防治样品混淆。

④在样品运输过程中，防治因颠簸等原因致使样品混乱、交叉污染等。

（3）监测项目和分析方法

土壤和食用菌栽培基质的监测项目和分析方法按NY/T 391的规定执行。

【实际操作】

①制订采样计划。采样前应了解采样地区的地理位置、地形、地貌，制订详细采样计划，确定布点方法、采样点数、点位，时间和路线，样品容器和交通工具等，明确人员分工。

②采样准备。准备采样工具、器材、文具及安全防护用品以及样点位置图、分布一览表和各种图件（交通图、地质图等）等。

③样品采集。按照布设好的点位，依据相应采样方法，采集土壤混合样1kg。填写土壤标签，并置于土袋内外。

④现场记录填写。采样同时，由专人填写土壤标签、采样记录、样品登记表。

⑤样品保存及运输。样品按相关要求（农用水源环境质量监测技术规范）保存。样品需要尽快运回实验室检测，应防止样品在运输中破损或沾污。

⑥土壤样品标签（图3-6）。

3.4 产地环境质量评价

【标准原文】

5 产地环境质量评价

5.1 概述

绿色食品产地环境质量评价的目的，是为保证绿色食品安全和优质，

××土壤样品标签	
样品编号	样品名称
采样地点	
监测项目	
采样深度	土壤类型
采样人	采样日期

图 3-6 土壤样品标签

从源头上为生产基地选择优良的生态环境，为绿色食品管理部门的决策提供科学依据，实现农业可持续发展。环境质量现状评价是根据环境（包括污染源）的调查与监测资料，应用具有代表性、简便性和适用性的环境质量指数系统进行综合处理，然后对这一区域的环境质量现状做出定量描述，并提出该区域环境污染综合防治措施。产地环境质量评价包括污染指数评价、土壤肥力等级划分和生态环境质量分析等。

【内容解读】

此次产地环境现状评价以“实现农业可持续发展”为目标，“产出高质量绿色食品和生物安全”为前提，选择“具有代表性、简便性和适用性的”环境质量指数系统进行定性、定量描述，并提出该区域环境污染综合防治措施。此外，环境质量现状评价还应描述农业产业结构的合理性以及采取的清洁生产生态环境保护措施，例如废弃物处理、节能减排、资源综合利用等。

考虑到绿色食品可持续发展目标，不单考虑土壤、水体和空气的质量，还须考察维持产地环境肥力能力及保护产地周边生态环境能力。在此基础上，结合国家发展现状和专家意见，标准的产地环境质量评价增加有关生态环境质量的描述分析。

【标准原文】

5.2 评价程序

应按图1规定执行。

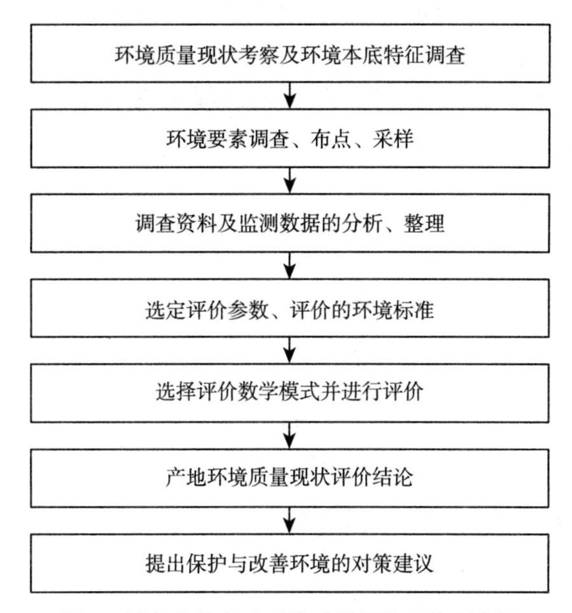

图1 绿色食品产地环境质量评价工作程序图

5.3 评价标准

按 NY/T 391 的规定执行。

【内容解读】

①进行产地环境广泛调查，包括环境质量现状、环境本底特征等自然环境及社会环境的调查。

②进一步细化，对环境组成的三大要素：水体、空气、土壤进行深入的调查，从而进一步进行布点、采样。将调查的资料及监测得出的数据进行汇总分析，从而选定评价参数及其环境标准，进而选择合适的数学模型进行评价。从评价中得到合理的结论，并提出保护产地环境，改善产地环境的合理化对策与建议。采用框图方式表示绿色食品产地环境质量评价工作程序，使得条理清楚明了，内容简单扼要。采用的评价标准详见《绿色食品产地环境质量》（NY/T 391—2013）。

【标准原文】

5.4 评价原则和方法

5.4.1 污染指数评价

5.4.1.1 首先进行单项污染指数评价，按照式（1）计算。如果有一项单项污染指数大于1，视为该产地环境质量不符合要求，不适宜发展绿色食品。对于有检出限的未检出项目，污染物实测值取检出限的一半进行计算，而没有检出限的未检出项目如总大肠菌群，污染物实测值取0进行计算。对于pH的单项污染指数按式（2）计算。

$$P_i=\frac{C_i}{S_i} \cdots\cdots (1)$$

式中：

P_i——监测项目 i 的污染指数；

C_i——监测项目 i 的实测值；

S_i——监测项目 i 的评价标准值。

$$P_{pH}=\frac{|pH-pH_{sm}|}{(pH_{su}-pH_{sd})/2} \cdots\cdots (2)$$

其中，$pH_{sm}=\frac{1}{2}(pH_{su}+pH_{sd})$

式中：

P_{pH} ——pH的污染指数；

pH ——pH的实测值；

pH_{su}——pH允许幅度的上限值；

pH_{sd}——pH允许幅度的下限值。

5.4.1.2 单项污染指数均小于等于1，则继续进行综合污染指数评价。综合污染指数分别按照式（3）和式（4）计算，并按表11的规定进行分级。综合污染指数可作为长期绿色食品生产环境变化趋势的评价指标。

$$P_{综}=\sqrt{\frac{(C_i/S_i)_{max}^2+(C_i/S_i)_{ave}^2}{2}} \cdots\cdots (3)$$

式中：

$P_{综}$ ——水质（或土壤）的综合污染指数；

$(C_i/S_i)_{max}$ ——水质（或土壤）中污染物中污染指数的最大值；

$(C_i/S_i)_{ave}$ ——水质（或土壤）污染物中污染指数的平均值。

$$P'_{综}=\sqrt{(C'_i/S'_i)_{max}\times(C'_i/S'_i)_{ave}} \cdots\cdots (4)$$

式中：

$P'_{综}$ ——空气的综合污染指数；

$(C'_i/S'_i)_{max}$ ——空气污染物中污染指数的最大值；

$(C'_i/S'_i)_{ave}$ ——空气污染物中污染指数的平均值。

表 11 综合污染指数分级标准

土壤综合污染指数	水质综合污染指数	空气综合污染指数	等级
≤0.7	≤0.5	≤0.6	清洁
0.7～1.0	0.5～1.0	0.6～1.0	尚清洁

5.4.2 土壤肥力评价

土壤肥力仅进行分级划定，不作为判定产地环境质量合格的依据，但可作为评价农业活动对环境土壤养分的影响及变化趋势。

5.4.3 生态环境质量分析

根据调查掌握的资料情况，对产地生态环境质量做出描述，包括农业产业结构的合理性、污染源状况与分布、生态环境保护措施及其生态环境效应分析，以此可作为农业生产中环境保护措施的效果评估。

【内容解读】

(1) 污染指数评价

环境质量现状评价是根据环境监测数据，应用环境质量指数系统进行综合处理，然后对这一区域的环境质量现状做出定量描述。产地环境质量现状评价最直接的意义在于为生产优质农产品，并为有关管理部门的科学决策提供依据。

一些农业发达国家和地区很早就对此开展了探索，如美国、加拿大、欧盟、澳大利亚、日本等分别制定了一系列详细的农产品产地环境质量标准来保证农产品质量，并建立了从源头治理到最终消费的监控体系。特别是20世纪90年代后期，计算机技术和3S（RS、GPS、GIS）技术在流域研究中的广泛应用，各种污染评价模型的准确度不断提高。

土壤环境质量评价方法主要基于数量统计方法，包括指数法和模糊综合评价方法以及基于GIS（地理信息系统）的地统学方法。农产品产地土壤环境质量评价方法是通过野外布点采样，检测各个评价因子的含量，利用单项污染指数和综合污染指数来计算各个因素的污染值，将检测结果与评价标准比较来查看其污染等级，最后计算达到标准的样本点所占比例来确定研究区域的土壤环境质量状况。

单因素评价和综合评价的指数法是目前较为简单而成熟的评价手段，能够比较科学地对一定区域内的产地环境进行质量评价。单项污染指数法主要突出单个因子的污物程度，仅适用于单一因子污染特定区域的评价。

大多数污染经常是多个因素复合污染造成的，使用单因子评价不能反映整体的污染情况。综合污染指数又称内梅罗（Nemerow）污染指数法，能够综合反映污染物状况，兼顾了多种污染物的水平和某一种污染物的严重污染程度。《绿色食品　产地环境调查、监测与评价规范》中规定污染指数评价先进行单项污染指数计算，单项污染指数均≤1时再进行综合污染指数计算。

产地环境现状评价以产出高质和安全绿色食品为前提，每个监测指标超标都会影响产品质量，因此取消了评价指标分类表，所有监测指标有一项的单项污染指数>1，就认为该产地环境质量不符合要求，不适宜发展绿色食品。只有当单项污染指数均≤1时，才适合发展绿色食品，并计算综合污染指数。由于综合污染指数的计算前提是各单项污染指数均≤1，因此，综合污染指数的数值在理论上也≤1，即适宜发展绿色食品。综合污染指数越趋近于0，该区域生态环境越清洁；综合污染指数越趋近于1，该区域生态环境质量越趋于污染临界状态。因此，综合污染指数的高低，反映了该区域生态环境的清洁程度。综合污染指数应作为衡量持续生产绿色食品的基地环境质量变化趋势指标。

（2）土壤肥力评价

农业作为人类的第一产业，其发展是一个漫长、曲折、复杂的过程。从19世纪开始，伴随着英国工业革命的兴起，农业生产发生了质的变化，农田里开始投入大量的外源投入品（如化肥、农药等），一方面成倍地提高农作物的产量，另一方面加深了农业生态系统对外源物质和能量的依存关系，导致了人类赖以生存的大气、土壤、水体和农产品受到污染，威胁到人类自身健康和子孙后代的生存。

20世纪70年代，人类农业进入了一个全新时代，创建一种有别于“传统农业”和“石油农业”，达到人与自然协调、生态与经济共同繁荣的“生态农业”。绿色食品生产也秉承这个思路，提倡在整个生产过程中，遵循自然规律和生态学原理，在保证农产品安全、生态安全和资源安全的前提下，合理利用农业资源，实现生态平衡、资源利用和可持续发展的长远目标。

为实现长远规划，设想通过采用绿色食品良好生产操作规程、安全有效的农田投入品（化肥、饲料等）、合理生态种养殖等措施，势必会保证原生产基地的环境质量保持平稳的质量数值或者有所提高。土壤肥力可以特征性表征这个评价。

土壤肥力概念是随土壤科学的发展而逐步充实与完善的。20世纪初，苏联土壤学家威廉斯在总结前人和自己研究成果的基础上，认为土壤肥力是土壤具有同时地、不断地供给植物矿质养分和水分的能力，对土壤肥力概念做了较全面的表述。中国土壤工作者根据中国农业生产的经验和研究成果，普遍认为是土壤为植物生长供应和协调养分、水分、空气和热量的能力，是土壤物理、化学和生物学性质的综合反应。因此，NY/T 391 中对绿色食品生产基地进行土壤肥力监测，包括全氮、有机质、有效磷、速效钾、阳离子交换量。

开展土壤肥力指标监测，不作为判断环境质量是否合格的依据，是用以考察并监测长期绿色食品生产基地的生产模式对土壤质量和养分是否有积极的影响及变化趋势，对于长期发展的绿色食品基地，这些指标的变化趋势可以成为发展态势的判定依据。

(3) 生态环境质量分析

绿色食品产地环境质量除了进行监测指标评价以外，还进行生态环境质量分析，来判断该产地环境质量是否具有可持续发展趋势。生态环境质量评价就是根据特定的目的，选择具有代表性、可比性、可操作性的评价指标和方法，对生态环境质量的优劣程度进行定性或定量的分析和判别。

按照国家发展的要求和绿色食品的特点，绿色食品产地环境在原标准基础上，要进一步凸显生态环境的优良，因此将生态环境质量分析纳入新版标准的评价体系。根据调查掌握的资料情况，对产地环境质量现状做出描述，包括农业产业结构的合理性、污染源调查、生态环境保护措施及其生态环境效应分析。生态环境保护措施包括：清洁生产、节能减排、综合利用等措施。生态环境效应是指采取上述保护措施后，对该区域产生的生态效果。通过综合污染指数也可以反映出农业种植方式的改善及生态环境保护措施的实施效果，多年变化指标也可以作为环境保护措施实施效果的判定依据。

【标准原文】

5.5 评价报告内容

评价报告应包括如下内容：

——前言，包括评价任务的来源、区域基本情况和产品概述；

——产地环境状况，包括自然状况、农业生产方式、污染源分布和生态环境保护措施等；

——产地环境质量监测，包括布点原则、分析项目、分析方法和测定结果；

——产地环境评价，包括评价方法、评价标准、评价结果与分析；
——结论；
——附件，包括产地方位图和采样点分布图等。

【内容解读】

明确列出了评价报告的提纲和撰写要点，从而确保报告格式的统一性和内容的完整性。前言，是一个报告的背景与摘要，主要介绍本次任务的来源、评价地区的情况及所要评价的产品介绍。报告的主体包括，产地环境状况调查、产地环境质量的监测、产地环境的评价。产地环境调查是对整个产地环境适宜性的先期评价，同时也是后续监测、评价工作的基础，为进行基地环境监测评价准备。产地环境质量监测是报告主体中的重点，是整个调查评价的核心部分。这部分根据产地环境状况的结果，进行布点、采样、测定，对所得到的方法、标准、结果进行评价与分析，进而得出结论。这几部分从不同层次、结构、内容，完整地将评价结果呈现出来。

【实际操作】

依据《绿色食品　产地环境调查、监测与评价规范》（NT/T 1054）进行绿色食品产地环境质量评价主要分为以下3个步骤：

① 绿色食品产地环境调查，综合分析产地环境质量现状，确定优化布点监测方案。

② 依据产地环境调查，开展空气、水质和土壤产地环境质量监测。

③ 对产地环境进行污染指数评价、土壤肥力评价、生态环境质量分析，得出产地环境质量评价结论，提出保护与改善环境的对策建议。

下面具体以设施蔬菜绿色食品产地环境评价为例，做以具体阐述。

××县××蔬菜专业合作社绿色食品蔬菜生产基地环境质量评价报告

一、前言

××县××蔬菜专业合作社成立于2006年10月，主要种植设施蔬菜，现已实现生产面积3 000亩。根据《绿色食品　产地环境质量》（NY/T 391—2013）及《绿色食品　产地环境调查、监测与评价规范》

(NY/T 1054—2013)的要求，受××省绿色食品发展中心委托，××于×年×月对××县××蔬菜专业合作社绿色食品蔬菜生产基地进行调查，对基地的水、土、气进行质量监测，在生产基地农业环境监测报告的基础上编写本评价报告。

二、产地环境状况

××县××蔬菜专业合作社位于××市××县××乡，拥有绿色食品设施蔬菜种植基地3 000亩，分布在××乡××村、××村、××村、××村和××村。

××乡位于××县西南部，距县城25km，属于温带大陆性气候，冬季严寒少雪，春季干旱多风，夏季温热多雨，雨量集中，温差较大。该基地没有工矿企业，受工农业污染较轻，环境比较清洁，基本维持自然生态系统状态。

三、产地环境质量监测

1. 空气环境质量

(1) 布点原则及方法

依据《绿色食品 产地环境调查、监测与评价规范》的要求，该基地布局相对集中，并且面积较小，因此，对××县××蔬菜专业合作社生产基地布设1个空气采样点。

(2) 监测项目及方法

根据《绿色食品 产地环境质量》和《绿色食品 产地环境调查、监测与评价规范》的要求，绿色食品生产基地空气监测项目及方法见表1。

表1 大气监测项目与采样分析方法

监测项目	分析方法	执行标准
总悬浮颗粒物	重量法	GB/T 15432
二氧化硫	盐酸副玫瑰苯胺光度法	HJ 482
二氧化氮	盐酸萘乙二胺光度法	HJ 479
氟化物	氟离子电极法	HJ 480

2. 水环境质量

(1) 布点原则及方法

依据《绿色食品 产地环境调查、监测与评价规范》的要求，××县

××蔬菜专业合作社设施蔬菜生产基地均使用同一个地下水源，水质基本稳定，因此，布设1个采样监测点。

(2) 监测项目及方法

根据《绿色食品　产地环境质量》和《绿色食品　产地环境调查、监测与评价规范》的要求，绿色食品生产基地农田灌溉水监测项目及方法见表2。

表2　农田灌溉水水质监测项目与分析方法

项目	分析方法	执行标准
pH	玻璃电极法	GB/T 6920
总汞	原子荧光光度计	HJ 597
总镉	无火焰—原子吸收法	GB/T 7475
总砷	原子荧光光度计	GB/T 7485
总铅	无火焰—原子吸收法	GB/T 7475
六价铬	二苯碳酰二肼比色法	GB/T 7467
氟化物	离子选择电极法	GB/T 7484
化学需氧量	重铬酸盐法	GB 11914
石油类	红外分光光度法	HJ 637

3. 土壤环境质量

(1) 布点原则及方法

依据《绿色食品　产地环境调查、监测与评价规范》的要求，××县××蔬菜专业合作社设施蔬菜生产基地属于设施种植业区，种植区相对集中，均属于一个乡镇内，种植面积3 000亩，属于100～300hm^2，因此，对××县××蔬菜专业合作社设施蔬菜生产基地共布设5个采样监测点。

(2) 监测项目及方法

根据《绿色食品　产地环境质量》和《绿色食品　产地环境调查、监测与评价规范》要求，绿色食品生产基地土壤监测项目及方法见表3。

表3　土壤监测项目与分析方法

项目	分析方法	执行标准
pH	电位法	NY/T 1377
镉	无火焰—原子吸收法	GB/T 17141
汞	原子荧光光度计	GB/T 22105.1

（续）

项目	分析方法	执行标准
砷	原子荧光光度计	GB/T 22105.2
铅	无火焰—原子吸收法	GB/T 17141
铬	火焰—原子吸收法	HJ 491
铜	火焰—原子吸收法	GB/T 17138
有机质（g/kg）	重铬酸钾—硫酸法	NY/T 1121.6
全氮（g/kg）	半微量开氏法	NY/T 53
有效磷	碳酸氢钠浸提法	LY/T 1233
速效钾	乙酸铵浸提法	LY/T 1236
阳离子交换量 cmol（+）/kg	乙酸铵交换法	LY/T 1243

四、环境质量现状评价

1. 评价方法及标准

（1）污染指数评价

首先进行单项污染指数评价，按照式（a）计算。如果有一项单项污染指数大于1，视为该产地环境质量不符合要求，不适宜发展绿色食品。对于有检出限的未检出项目，污染物实测值取检出限的一半进行计算，而没有检出限的未检出项目，如总大肠菌群，污染物实测值取0进行计算。对于pH的单项污染指数按式（b）计算。

$$P_i=\frac{C_i}{S_i} \qquad (a)$$

式中：

P_i——监测项目 i 的污染指数；

C_i——监测项目 i 的实测值；

S_i——监测项目 i 的评价标准值。

$$P_{\mathrm{pH}}=\frac{|\mathrm{pH}-\mathrm{pH}_{sm}|}{(\mathrm{pH}_{su}-\mathrm{pH}_{sd})/2} \qquad (b)$$

其中，$\mathrm{pH}_{sm}=\frac{1}{2}(\mathrm{pH}_{su}+\mathrm{pH}_{sd})$

式中：

P_{pH}——pH的污染指数；

pH ——pH 的实测值；

pH_{su} ——pH 允许幅度的上限值；

pH_{sd} ——pH 允许幅度的下限值。

大气、水质和土壤的评价标准依据《绿色食品 产地环境质量》(NY/T 391—2013)，分别详见表 4～表 6。

表 4 大气评价标准（mg/m^3）

项目	浓度限值（标准状态）	
	日平均	1h 平均
总悬浮颗粒物（TSP）	0.30	—
二氧化硫（SO_2）	0.15	0.50
二氧化氮（NO_2）	0.08	0.20
氟化物（F）（$\mu g/m^3$）	7	20

表 5 农田灌溉水水质评价标准

项目	浓度限值
pH	5.5～8.5
总汞（mg/L）	0.001
总镉（mg/L）	0.005
总砷（mg/L）	0.05
总铅（mg/L）	0.1
六价铬（mg/L）	0.1
氟化物（mg/L）	2.0
化学需氧量（COD_{cr}）（mg/L）	60
石油类（mg/L）	1.0

表 6 土壤评价标准

耕作条件	旱田			水田		
pH	＜6.5	6.5～7.5	＞7.5	＜6.5	6.5～7.5	＞7.5
镉（mg/L）	0.30	0.30	0.40	0.30	0.30	0.40
汞（mg/L）	0.25	0.30	0.35	0.30	0.40	0.40
砷（mg/L）	25	20	20	20	20	15
铅（mg/L）	50	50	50	50	50	50

（续）

耕作条件	旱田			水田		
铬（mg/L）	120	120	120	120	120	120
铜（mg/L）	50	60	60	50	60	60

注：1. 果园土壤中的铜限量比旱田中的铜限量高1倍；

2. 水旱轮作的标准值取严不取宽。

单项污染指数均小于等于1，则继续进行综合污染指数评价。综合污染指数分别按照式（c）和式（d）计算，并按表7的规定进行分级。综合污染指数可作为长期绿色食品生产环境变化趋势的评价指标。

$$P_{综}=\sqrt{\frac{(C_i/S_i)_{max}^2+(C_i/S_i)_{ave}^2}{2}} \tag{c}$$

式中：

$P_{综}$——水质（或土壤）的综合污染指数；

$(C_i/S_i)_{max}$——水质（或土壤）中污染物中污染指数的最大值；

$(C_i/S_i)_{ave}$——水质（或土壤）污染物中污染指数的平均值。

$$P'_{综}=\sqrt{(C'_i/S'_i)_{max}\times(C'_i/S'_i)_{ave}} \tag{d}$$

式中：

$P'_{综}$——空气的综合污染指数；

$(C'_i/S'_i)_{max}$——空气污染物中污染指数的最大值；

$(C'_i/S'_i)_{ave}$——空气污染物中污染指数的平均值。

表7 综合污染指数分级标准

土壤综合污染指数	水质综合污染指数	空气综合污染指数	等级
≤0.7	≤0.5	≤0.6	清洁
0.7～1.0	0.5～1.0	0.6～1.0	尚清洁

（2）土壤肥力评价

土壤肥力仅进行分级划定，不作为判定产地环境质量合格的依据，但作为评价农业活动对环境土壤养分的影响及变化趋势。土壤肥力评价标准依据《绿色食品 产地环境质量》（NY/T 391—2013）表8，土壤肥力的各项指标，Ⅰ级为优良，Ⅱ级为尚可，Ⅲ级为较差。

表8　土壤肥力分级参考指标

项目	级别	旱地	水田	菜地	园地	牧地
有机质（g/kg）	Ⅰ Ⅱ Ⅲ	>15 10～15 <10	>25 20～25 <20	>30 20～30 <20	>20 15～20 <15	>20 15～20 <15
全氮（g/kg）	Ⅰ Ⅱ Ⅲ	>1.0 0.8～1.0 <0.8	>1.2 1.0～1.2 <1.0	>1.2 1.0～1.2 <1.0	>1.0 0.8～1.0 <0.8	— — —
有效磷（mg/kg）	Ⅰ Ⅱ Ⅲ	>10 5～10 <5	>15 10～15 <10	>40 20～40 <20	>10 5～10 <5	>10 5～10 <5
速效钾（mg/kg）	Ⅰ Ⅱ Ⅲ	>120 80～120 <80	>100 50～100 <50	>150 100～150 <100	>100 50～100 <50	— — —
阳离子交换量[cmol（+）/kg]	Ⅰ Ⅱ Ⅲ	>20 15～20 <15	>20 15～20 <15	>20 15～20 <15	>20 15～20 <15	— — —

（3）生态环境质量分析

根据调查掌握的资料情况，对产地生态环境质量做出描述，包括农业产业结构的合理性、污染源状况与分布、生态环境保护措施及其生态环境效应分析，以此可作为农业生产中环境保护措施的效果评估。

2. 评价结果与分析

（1）单项污染指数评价

大气、水质和土壤监测结果，详见监测报告。

大气、水质和土壤单项污染指数评价结果分别见表9～表11。

表9　××县×蔬菜专业合作社设施蔬菜生产基地空气评价结果（P_i 值）

采样地点	监测项目		总悬浮颗粒物	二氧化硫	二氧化氮	氟化物
××乡××村	1h浓度	监测值范围	—	0.020～0.053	0.027～0.043	0.4～0.7
		P_i	—	0.040～0.11	0.14～0.22	0.02～0.04
	日均浓度	监测值	0.056	0.040	0.035	0.55
		P_i	0.19	0.27	0.44	0.08

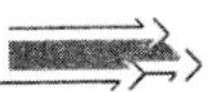

表10 ××县××蔬菜专业合作社设施蔬菜生产基地灌溉水水质评价结果（P_i 值）

序号	1
采样地点	××乡××村
pH	0.01
汞	0.05
镉	0.10
砷	0.05
铅	0.01
六价铬	0.10
氟化物	0.28
化学需氧量（COD_{Cr}）	0.25
石油类	0.10

表11 ××县×蔬菜专业合作社设施蔬菜生产基地土壤评价结果（P_i 值）

序号	采样地点	镉	汞	砷	铅	铬	铜
1	××乡××村	0.18	0.17	0.24	0.25	0.27	0.18
2	××乡××村	0.03	0.04	0.14	0.23	0.36	0.24
3	××乡××村	0.14	0.04	0.19	0.24	0.34	0.19
4	××乡××村	0.13	0.03	0.19	0.10	0.26	0.12
5	××乡××村	0.16	0.11	0.22	0.20	0.28	0.20

以上分析结果表明，该基地大气、水质和土壤各项指标单项污染指数均小于1，符合《绿色食品 产地环境调查、监测与评价规范》的要求，可以生产绿色食品。

（2）综合污染指数评价

大气、水质和土壤综合污染指数评价结果见表12～表14。

表12 大气综合污染指数评价结果

序号	综合污染指数	等级
1	0.33	清洁

表13 水质综合污染指数评价结果

序号	综合污染指数	等级
1	0.21	清洁

表14 土壤综合污染指数评价结果

序号	综合污染指数	等级
1	0.24	清洁
2	0.28	清洁
3	0.28	清洁
4	0.21	清洁
5	0.24	清洁

以上分析结果表明，该基地各采样点大气、水质和土壤的综合污染指数均属于清洁等级，应注意保持。

(3) 土壤肥力评价

土壤肥力各监测项目分级结果和等级分布情况详见表15和表16。

表15 土壤肥力分级结果

序号	采样地点	有机质	全氮	有效磷	速效钾	阳离子交换量
1	××乡××村	Ⅱ	Ⅲ	Ⅲ	Ⅱ	Ⅲ
2	××乡××村	Ⅲ	Ⅲ	Ⅱ	Ⅱ	Ⅲ
3	××乡××村	Ⅰ	Ⅱ	Ⅱ	Ⅲ	Ⅱ
4	××乡××村	Ⅲ	Ⅲ	Ⅱ	Ⅱ	Ⅲ
5	××乡××村	Ⅲ	Ⅲ	Ⅱ	Ⅱ	Ⅲ

表16 土壤肥力等级分布情况（%）

序号	监测项目	Ⅰ	Ⅱ	Ⅲ
1	有机质	20	20	60
2	全氮	—	20	80
3	有效磷	—	80	20
4	速效钾	—	80	20
5	阳离子交换量	—	20	80

依据《绿色食品　产地环境质量》的评价标准，土壤肥力Ⅰ级属于肥力优良，Ⅱ级属于肥力尚可，Ⅲ级属于肥力较差。由表16可以看出，该基地土壤有机质达到Ⅰ级20%、Ⅱ级20%、Ⅲ级60%；全氮达到Ⅱ级20%、Ⅲ级80%；有效磷达到Ⅱ级80%、Ⅲ级20%；速效钾达到Ⅱ级

80%、Ⅲ级20%；阳离子交换量达到Ⅱ级20%，Ⅲ级80%。

（4）生态环境质量分析

本地区产地生态环境质量清洁，农业产业结构的合理、没有污染源存在、乡（镇）政府采取多项保护生态环境保护措施，生态环境效应属于优良级别。

五、结论

综上所述，××县××蔬菜专业合作社设施蔬菜生产基地农田灌溉水、空气和土壤各项指标单项污染指数均小于1，符合绿色食品产地环境质量标准。因此，该公司基地适宜发展绿色食品。

假设该企业3年后再次申报绿色食品，编写评价报告时，除了包括正常的产地环境质量监测和评价内容以外，还要比较土壤重金属综合污染指数和肥力指标的变化趋势。

现举例土壤综合污染指数评价和土壤肥力评价。

（正常产地环境质量监测和评价内容略）。

（1）土壤综合污染指数评价

土壤综合污染指数评价结果见表17，各结果均属于清洁等级。将这些结果和3年前综合污染指数结果进行对比，见图1。

表17 土壤综合污染指数评价结果

序号	综合污染指数	等级
1	0.30	清洁
2	0.28	清洁
3	0.30	清洁
4	0.25	清洁
5	0.26	清洁

由图1可以看出，除了2号采样点的综合污染指数相等外，其他各点综合污染指数均有所增加，说明该产地环境质量呈下降趋势，近几年的农业投入品控制及环境保护措施不到位，对绿色食品可持续发展不利。

（2）土壤肥力评价

土壤肥力各监测项目分级结果和等级分布情况详见表18和表19。将这些结果和3年前结果进行比较（图2）。

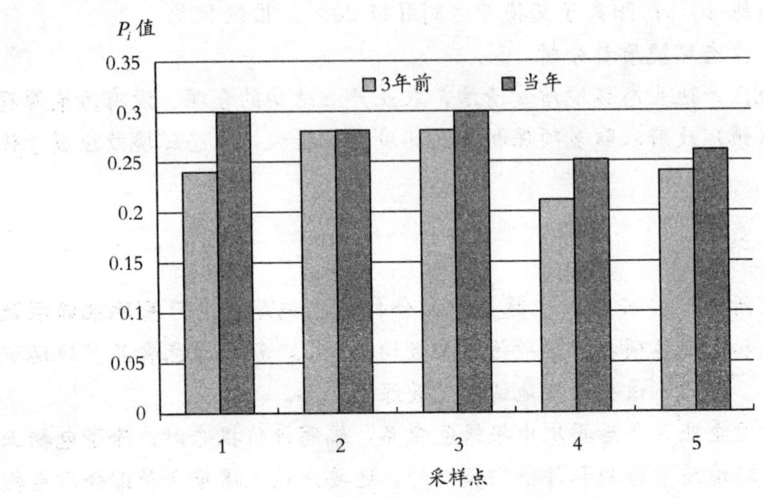

图1 综合污染指数比较

表18 土壤肥力分级结果

序号	采样地点	有机质	全氮	有效磷	速效钾	阳离子交换量
1	××乡××村	Ⅰ	Ⅱ	Ⅱ	Ⅰ	Ⅱ
2	××乡××村	Ⅱ	Ⅲ	Ⅱ	Ⅰ	Ⅲ
3	××乡××村	Ⅱ	Ⅱ	Ⅱ	Ⅱ	Ⅱ
4	××乡××村	Ⅱ	Ⅱ	Ⅱ	Ⅱ	Ⅲ
5	××乡××村	Ⅲ	Ⅲ	Ⅱ	Ⅱ	Ⅱ

表19 土壤肥力等级分布情况（%）

序号	监测项目	Ⅰ	Ⅱ	Ⅲ
1	有机质	10	20	70
2	全氮	—	60	40
3	有效磷	—	100	—
4	速效钾	40	60	—
5	阳离子交换量	—	60	40

由图2可以看出，该基地土壤有机质达到Ⅰ级比例下降、Ⅲ级比例上升；全氮达到Ⅱ级比例上升、Ⅲ级比例下降；有效磷达到Ⅱ级比例上升、Ⅲ级比例下降；速效钾达到Ⅰ级比例上升、Ⅲ级比例下降；阳离子交换量

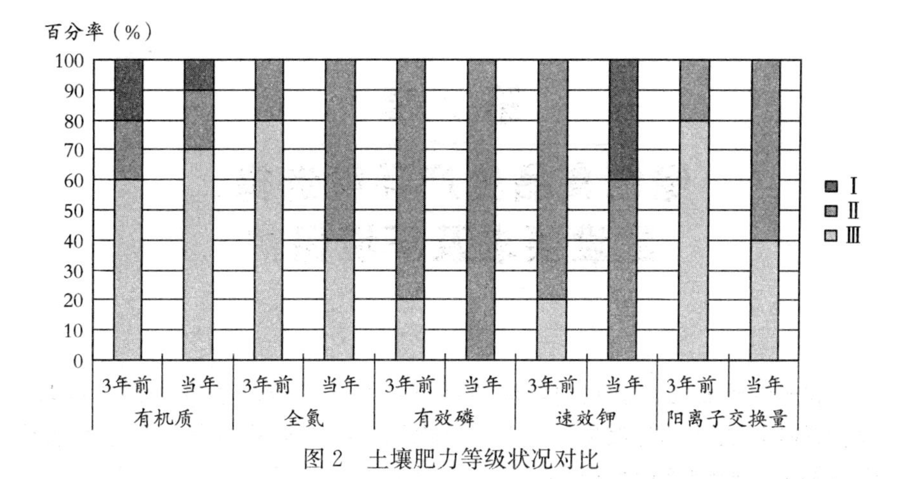

图2 土壤肥力等级状况对比

达到Ⅱ级比例上升，Ⅲ级比例下降。分析这些变化，土壤肥力除有机质外，其他监测项目呈上升趋势，说明3年来该企业非常重视氮肥、磷肥投入，使该产地环境的肥力保持良好的状况，有利于绿色食品的可持续发展。应注意加大有机肥的投入，提升土壤有机质含量。

第4章

绿色食品生产环境选择、建设要求及环境保护

农业生产需要在适宜的环境条件下进行。农业环境受到污染破坏，就会影响到农产品的数量和质量，进而影响到人类的生存。产地生态环境条件是影响绿色食品产品或加工产品的主要因素之一，因此开发绿色食品，必须按标准要求合理选择生产场地。全面、深入地了解产地及产地周围的环境质量现状，可以为建立绿色食品基地提供科学的决策依据，为产品质量提供基础的保障条件；可以减少许多不必要的环境监测，提高工作效率，减轻生产企业的经济负担；同时还可以发现产地周围环境中存在的潜在问题，从而为保护和改善产地环境提供第一手资料。

绿色食品产地选择的原则应是选择在空气清新、水质纯净、土壤未受污染、生物多样性的农业生态环境，尽量避开繁华都市、工业区和交通要道。比较来说，远离城市、无工矿企业的乡村农业生态环境相对良好，是绿色食品产地的首选区域。城市郊区农业生态环境现状较好、受污染较轻或未受污染的地区，也是绿色食品产地选择的理想区域。NY/T 391—2013 对绿色食品产地环境的选择原则要求中，增加了"无污染和生态条件良好的地区"、"远离工矿区和公路铁路干线"、"避开工业和城市污染源的影响"、"具有可持续的生产能力"等几个方面。其中"具有可持续的生产能力"是指通过不同年份综合污染指标、土壤肥力指标变化，反映出绿色食品企业对生产环境的保护和生产能力持续维护的状态。此外，新标准还增加了对产地环境中农事操作者的农业活动限定，强调了保护多样生态系统的重要性以及设置缓冲带等环境质量基本要求。

绿色食品生产主要分为种植业、养殖业、加工业等几大类别，针对每个类别的绿色食品生产环境、建设条件及其对环境的保护要求，虽然原则基本相同，但在具体实施上各有差异。

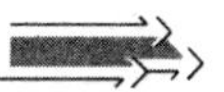

4.1　种植业产地环境建设

种植业是农业的主要组成部分，其特点是：种植业是以土地为重要生产资料，利用绿色植物，通过光合作用把自然界中的二氧化碳、水和矿物质合成有机物质，同时，把太阳能转化为化学能贮藏在有机物质中，它是一切以植物产品为食品的物质来源，也是人类生命活动的物质基础。种植业是大农业的重要基础，不仅是人类赖以生存的食物与生活资料的主要来源，还为轻纺工业、食品工业提供原料，为畜牧业和渔业提供饲料。因此，种植业的分布和发展对国民经济各部门有直接影响。

中国种植业历史悠久，农业中种植业的比重较大，其产值一般占农业总产值的50%以上，它的稳定发展，特别是粮食作物生产的发展对人们生活水平提高和对国民经济的发展具有重要意义。我国2014年统计年报显示：粮食总产量60 710万t，比上年增加516万t，增长0.9%，按照人口136 782万人计，人均443kg。从1980年粮食产量31 822万t，人均322kg；历经2010年粮食54 647万t，人均407kg；到2014年的人均443kg，对拥有13亿人口的大国来说，解决了人们的吃饭问题，并且保持持续增长的势头，愈发凸显种植业生产和基地建设的重要性。以下将以水稻基地建设为例，具体介绍绿色食品水稻基地建设的注意事项。

4.1.1　绿色食品水稻基地选址

针对大气，绿色水稻生产基地要求产地空气清洁，远离工矿区，周围不得有大气污染源，特别是上风口不得有污染源，要避开交通繁华要道。

针对水质，要求周围有充足的灌溉水源，水质纯净，无任何污染。除了对数量要求外，更重要的是对水的质量要求，即生产用水不能含有重金属和有毒有害物质。生产基地条田化设计，灌排配套，保证灌溉水清洁和排灌方便。

针对土壤，要求产地位于土壤元素背景值较低范围，产地及周围没有金属或非金属矿山，未受到人为污染。生态环境优良的区域可作为水稻集约化生产区，合理利用主产区水源条件好的一等宜农水田、二等宜农水田。土壤无污染史、地势平坦、土质疏松、肥力较高。在选择绿色食品产地时应考虑地力的持续能力，选择土壤有机质含量较高的地区。

在绿色食品和常规生产区域之间应设置有效的缓冲带或物理屏障。此外，也应保证基地具有可持续生产能力，生产过程不对周边环境或其他生物产生污染。

4.1.2 绿色食品水稻基地建设

绿色稻米基地环境应执行《绿色食品产地环境质量》（NY/T 391—2013）要求。绿色水稻可按照各地生产气候条件及其种植习惯的地方标准操作规程生产，如《绿色食品水稻生产技术规程》（DB34/T 1701—2012）。有机水稻的种植可以按照NY/T 1733—2009生产技术规程执行。

水稻种植业的清洁生产是现代农业生产中运用的全新创造方式，它将水稻全生命周期控制应用于生产全过程，包括从源头消减污染，提高肥料、农药、水资源利用率，最终实现节能、增效和减少面源污染的排放；同时也是保证水稻优质、安全的一种实用性生产方法。实施水稻种植业清洁生产的主要目的是解决肥料施用量与作物营养需求的平衡关系，减少氮肥在水田土壤表层因挥发、流失、反硝化脱氮等造成的损失及减少对地表水体的污染，同时也要通过施肥等技术的实施提高稻米的质量。

绿色食品生产对耕作制度的基本要求是通过合理的田间配置，建立绿色食品的种植制度，充分合理利用土地及其相关的自然资源。采取轮作、套种或间作的措施，创造有利作物生长、有益生物繁衍的条件，抑制和消灭病虫草害的发生，不断提高土地生产力，保证作物全面持续地增产，建立绿色食品耕作制度。

绿色产品水稻生产要科学规划、优良选种，选用抗逆性强、丰产性好、品质优良的品种，种子质量符合GB 8079的要求，选择适宜的良种和浸种清洁过程，严禁购买转基因种子。

水稻基地选择土壤耕层疏松深厚、通气性好、有机质含量高，具有较好保肥、保水能力的田块，尽可能田成方，渠相通，水利设施齐全，排碱沟深度在1.5m以上，做到旱能灌、涝能排，能够及时排除土壤中盐分及有害物质；稻田用水一定要控制污染源，对各种灌溉水要经过严格控制和有效处理，并经抽查监测符合农田灌溉水质要求，才能用于灌溉。

采取平整土地策略，提高土地利用率；提倡机械化种植水平，加强从整地、育苗、插秧、田间管理到收割储运等一系列过程的机械化管理，减少污染，提高劳动效率。水稻生产过程中的废水、稻草等，依据循环经济原理，做到统一处理。通过资源化和循环利用措施，实现无害化。减少化肥的使用量，提倡有机肥的使用，生产资料来源于经绿色食品认证的产品。基地内畜禽粪便要经过无害化处理，施用的有机肥必须经过高温发酵无害化处理。对于绿色食品基地，土壤的可持续生产能力也是重要的保证

措施，提倡新技术的应用，测土配方施肥、提高肥料利用率；科学选育、减少农药污染；节水种稻、提高水源利用效率；物理及生物防治、维持物种多样性及生态平衡；培肥地力、节能减排，减少水稻种植中大量氨氮、有机磷排放导致的面源污染，以保证绿色水稻生长全过程无污染状态。

在绿色食品和常规生产区域之间应设置有效的缓冲带或物理屏障，如防护林、栅栏、河渠等，若没有合适条件，可以将边界的非绿色食品生产交叉区域，按照绿色食品生产，以隔离绿色食品生产基地，防止污染。

应当建立完善的产品质量追溯体系和生产、加工、销售记录档案制度，生产全过程实行信息化动态管理。建立“五统一”的质量管理流程，即统一优良品种、统一生产操作规程、统一投入品供应和使用、统一田间管理、统一收获。

4.1.3　水稻基地污染防治

目前，农村环境污染较为严重，农业治理还相当薄弱，已经影响到农业的可持续发展，影响到农产品安全问题。为了减少农业面源污染对大气、水体、土壤环境质量的损害，从源头上采取有效措施，是控制农业污染、确保农产品质量安全和农业生态安全的重要手段，是实现农业可持续发展和建设美丽家园的重要举措。农业污染包括面源污染和点源污染。种植业生产过程中产生的污染通常称为农业面源污染。与通过排污口排放的点源污染不同，面源污染由分散的污染源造成，缺乏明确固定的污染源，污染排放点具有不确定性，排放具有间歇性，影响具有持久性，危害具有隐蔽性。

绿色食品生产基地要有较好的环境保护意识，应制定相应的保护措施以达到生产环境的持续良好状态。作物有害生物的防治应以保持和优化农业生态系统为基础，优先采用农业措施，尽量利用物理和生物措施等非农药防治技术是合理用药的前提，必要时合理使用低风险农药。

几千年的农业实践使劳动人民总结出了一系列控制作物有害生物的农业措施，如：选用抗病虫品种、种子种苗检疫、轮作倒茬、间作套种、调整播种期、耕翻晒垡、清洁田园、培育壮苗、中耕除草、合理施肥、及时灌溉排水、适度整枝打杈、适时精细采收等。这些农业措施涉及作物布局、种植计划、产前管理、产中管理和产后管理的全过程。

(1) 肥料的使用

①肥料使用的总体要求。绿色食品生产允许施用农家肥料（包括：堆肥、沤肥、厩肥、沼气肥、绿肥、作物秸秆肥、泥肥、饼肥等）和商品肥

料［包括：商品有机肥料、腐殖酸类肥料、微生物肥料、有机复混肥、无机（矿质）肥料］，限量使用化学肥料。

肥料使用必须满足作物对营养元素的需要，使足够数量的有机物质返回土壤，以保持或增加土壤肥力及土壤生物活性。所用有机或无机（矿质）肥料，尤其是富含氮的肥料应对环境和作物不产生不良后果方可使用。

② 以有机肥为主。有机肥料是全营养肥料，不仅含有作物所需的大量营养元素和有机质，还含有各种微量元素、氨基酸等。有机肥的吸附量大，被吸附的养分易被作物吸收利用，不易流失；还具有改良土壤，提高土壤肥力，改善土壤，保肥、保水和通运性能的作用。施用有机肥时，要作无害化处理，如高温发酵，以减少有机肥可能出现的副作用。

③ 尽量控制和减量化学肥料。绿色食品生产中除使用微量元素和钾肥、磷肥外，允许限量使用化学肥料，按照化肥减控和有机为主的原则，生产中优先选用农家肥力、有机肥料和微生物肥料，无机氮素用量不得高于当季作物需求量的一半。

④充分发挥土壤中有益微生物的作用。土壤有机物质常依靠土壤中有益微生物群的活动，分解成可供作物吸收的养分而被利用。因此要通过耕作，调节土壤中水分、空气、温度等状况，创造有利于有益微生物繁殖、活动的环境，以增加土壤中有效养分。生产中可有目的地施用不同种类的微生物肥料，以增加土壤有益微生物群，发挥其作用。

⑤创造养分良性循环条件。农业生态系统的养分循环，可充分利用田间植物残余物、植株、动物的粪尿、厩肥及土壤中有益微生物进行养分转化，不断增加土壤中有机质含量、提高土壤肥力。通过秸秆还田、畜禽养殖业处理残体等，综合利用资源，开辟肥源，促进养分良性循环。

⑥ 肥料可能引入的污染物。通过施肥提高了地力，保证了绿色食品的生产，但同时也可能引入污染物。

第一，化肥利用率氮为30%～60%，磷为3%～25%，钾为30%～60%。这些未被植物及时利用的化合物，可能会随着土壤水向下渗透而造成地下水污染。第二，大量使用化肥造成土壤物理性质恶化，土壤酸化，土壤结构破坏，土地板结，亚硝酸盐含量增加，易使蔬菜和牧草等作物中硝酸盐含量增加。第三，化肥、有机肥、复混肥中，可能含有重金属杂质，如磷矿石中含镉、铅等，长期施用可造成土壤污染。第四，集约化养殖的畜禽粪便，由于生物转移，含有各类抗生素等新型污染物，影响土壤微生物的生长，也容易产生药害残留。第五，大气中氮氧化物含量增加。

施用于农田的氮肥，有相当数量直接从土壤表面挥发而进入大气，造成大气污染。

为了防止环境污染，应施用正规企业生产的检测合格的肥料产品，并对环境进行有效监控和管理。

(2) 农药的使用

绿色食品生产应从作物病、虫、草等整个生态系统出发，综合运用各种防治措施，创造不利于病虫草害发生和有利于各类天敌繁衍的环境条件，保持农业生态的平衡和生物多样化，减少各类病虫草害所造成的损失。

① 选用抗病抗虫品种、经非化学药剂种子处理、培育壮苗、加强栽培管理、中耕除草、秋季深翻晒土、轮作倒茬、间作套种等一系列措施，会起到防治病虫草害的作用。

②尽量利用物理和生物防治措施，减少对农产品和环境影响。物理和生物措施对特定的防治对象可以起到很好的防治效果，同时没有或很少有负面的影响。所以，有适用的物理和生物措施应尽量考虑选用。要先明确主要防治对象是什么，再选择适用于该防治对象的物理和生物措施，如天敌的种类和生物农药的类别。物理和生物措施的行动环节主要集中于产中，适宜早于化学措施的预防和调控。物理和生物防治措施主要在生产过程管理环节，如使用黄色黏虫板、黑光灯、频振式杀虫灯和高压电网、灭虫器色彩诱杀害虫，机械捕捉害虫，机械和人工除草等措施；采用网室、网罩阻止害虫进入等；铺地膜控制杂草；从外地或不同生境中引殖当地缺少的优势天敌种类，使其在当地繁殖，提高天敌对害虫的自然控制力；或直接从公司购买害虫天敌，需要防治时大量释放到农田中。生物农药是很好的预防和调控病虫害的手段，利用生物活体（真菌、细菌、昆虫病毒、转基因生物、天敌等）或其代谢产物（信息素、生长素、萘乙酸钠、2，4－D等），针对农业有害生物进行杀灭或抑制，主要包括微生物农药、农用抗生素、植物源农药、生物化学农药和天敌昆虫农药、植物生长调节剂类农药6大类型。目前，井冈霉素、苏云金杆菌、赤霉素、阿维菌素等多个生物农药产品获得广泛应用，我国每年生物农药产量占整个农药总产量的9%左右。

③在物理和生物防治措施不足够有效的情况下，可考虑合理地使用一些低风险农药。农药的施用应符合《绿色食品　农药使用准则》（NY/T 393—2013）的要求。

④ 农药的施用也可能对环境产生污染。如使用的农药是难降解的持

久性污染物；施用的农药降解产物毒性更强，更易残留在环境中；如长期施用的除草剂有累积作用，污染环境，更有甚者对后茬作物产生药害，影响生长。设施种植大棚中，由于半封闭的环境，施药过程可能对操作者产生呼吸、皮肤接触等伤害。

(3) 重金属污染防控

重金属污染目前在我国突出表现在镉污染，影响镉污染的因素主要有：

① 土壤 pH。土壤的 pH 对镉的活性有重要的影响，并直接关系到作物对镉的吸收。据研究，土壤对镉的吸附同土壤的 pH 成正比，而作物对镉的吸收则与 pH 成反比。pH 越高，土壤对镉的吸附率越高，pH 越低，镉的溶出率就越大。

② 土壤氧化还原电位（E_h 值）。土壤 E_h 值对土壤中镉的活性有很大影响。E_h 值低时，形成还原性环境，使土壤中的硫酸还原为 S^{2-}，生成溶解度很小的硫化镉，或同硫化铁共沉淀，使镉向非活性方面发展，而难于被作物吸收。当水被排掉后，E_h 值升高，呈氧化状态，S^{2-} 又会被氧化形成 $SO_4{}^{2-}$，使土壤 pH 降低，镉的活性加强，使其在土壤溶液中易被作物吸收。

③ 作物和品种。同一作物，不同品种对镉的吸收性也不相同。研究发现，杂交水稻比常规水稻对镉污染有更大的敏感性，杂交稻糙米的镉含量比常规稻高 33.72%。例如，在全生育期灌水栽培条件下，糯稻（江西晚 105 等）稻米平均镉含量为粳稻（鄂晚 3 号）的 6.7 倍，糯稻镉含量严重超标，粳稻品种则未超标。

④ 稻田镉污染的综合治理措施。第一，调整作物结构，建立优良耕作制度。由于不同作物对镉的吸收富集性能差异悬殊，可以根据当地稻田土壤镉污染的程度，因地制宜地采用科学的种植制度，减轻或修复镉污染的危害。当土壤镉含量较高时，可以选择种植镉高抗的水稻品种，降低水稻中的镉含量。第二，施用腐殖酸肥，减少作物对重金属吸收。实践表明，施用腐殖酸类新型有机肥料不仅对提高土壤肥力有重大意义，对治理修复重金属污染也有极其重要的作用。应用腐殖酸类肥料对重金属污染的缓冲和净化机制主要表现在：参与离子的交换反应；改善土壤结构，提供生物活性物质，为土壤微生物活动提供基质和能源，从而间接影响土壤重金属的行为；有机质对重金属污染的净化机制主要是通过腐殖酸与重金属离子发生络合、螯合作用来进行的。第三，实施水肥调控，应用良法治理。对于镉轻度污染的土壤，为了降低水稻对镉的吸收，应采取下列科学

调控水肥的措施，实施无镉大米良法栽培：应用土壤酸化调理剂提高土壤pH。从国内修复镉污染的大量实践来看，治理修复镉污染最好的调理剂为石灰、硅肥、钙镁磷肥及赤泥等品种。这几种调理剂都是原料丰富，成本低廉，效果突出，适于大面积推广应用。应用科学灌溉技术，降低土壤氧化还原电位，达到控制镉活性目的，减少其对水稻的危害。

（4）水源地的保护

水源地保护应当遵循保护优先、防治污染、保障水质安全的原则。在地表饮用水水源地准保护区和二级保护区内，禁止对水体造成污染的行为。因此在政策限制的情况下选择水源地农业发展模式，要充分考虑水源保护区政策、资源、市场、技术、农户意愿等因素，种植生态友好型的经济作物。绿色种植模式下农药肥料使用量安全环保，对水源地环境影响甚微，是环保和效益兼顾的农业生产模式。如辽宁大伙房水源地保护区建立4 300亩有机水稻基地，采用生物技术、光电技术的种植模式；在昆明市松华坝水源二、三级保护区推广的核桃林未成林间种洋芋模式，成林后林下种植金银花的连续发展模式和以有机野生菌为精品、金针菇种植为主的市场差异化发展的模式；淄博市太河水库保护区推广的以猕猴桃、核桃、樱桃、蓝莓等为重点的绿色产业生产基地，同时发展椿芽、花椒大棚，发展种苗花卉基地的农业种植模式，取得了很好的生态效益。

4.2 养殖业产地环境建设

养殖业是农业的主要组成部分之一，与种植业并列为农业生产的两大支柱。养殖业是指用放牧、圈养或者二者结合的方式，包括牲畜饲牧、家禽饲养、经济兽类驯养等。

畜禽养殖业的绿色食品主要是家畜家禽的肉、蛋、奶产品以及蜂产品等。畜禽养殖业的绿色食品生产必须遵循可持续发展原则，追求产量、质量、效益和环境的最佳结合。通过产品开发，可以较好地协调环境—资源—食品—健康之间的关系，建立起人与生物圈之间良好共生关系。

发展养殖业必须根据各地的自然经济条件，因地制宜，发挥优势。以下将以养鸡场基地建设为例，具体介绍绿色养鸡基地建设的注意事项。

4.2.1 绿色养鸡场选址

养殖业选址应当充分结合当地的自然环境以及社会环境，同时要考虑鸡场经营的方式、规模、工厂化的程度等特点，综合考虑鸡场所占的位置、面积、地势地形、水源和气候等多方面地特点。对于规模养殖场而言，安全体系中最重要的环节便是如何对疾病进行有效地防疫和隔离，在有些地区需要考虑的不仅有雨季的降水量，还要考虑到年均空气湿度的变化，这些地域化明显的因素是规模养鸡场在生物安全问题处理上最先需要解决的问题。选址原则如下：

① 选址应在生态环境良好、没有污染过，具有夏季透风性好、冬季保温性高的半山地方，要远离工矿区和公路铁路干线，远离有“三废”排出的地方；要离开水源保护区、旅游区、自然保护区等不能受污染的地方；离开空气污浊、潮湿、阴冷或闷热的环境和地带，在绿色食品和常规生产区域之间应设置有效的缓冲带或物理屏障，不对环境或周边其他生物产生污染。

② 养鸡场应当和城市保持一定距离。单纯从生物安全这一角度而言，养鸡场和城市的距离越远越利于构建控制安全的防疫体系，然而考虑到规模养鸡场的商业性，运输需求和交通的便利也要加以考虑。通常而言，规模养鸡场和交通主干道的距离最好应当保证在 1 000m 之上，与附近居民的居住地应当保持在 500m 以上，规模越大的养鸡场所需的距离越远，可以将距离保持在 1 500～2 000m。养鸡场的周围应当拥有充足的洁净水源、稳定的电力供应和方便的通信设施等。

③ 鸡场与其他养殖基地保持距离。离开兽医站、屠宰场、畜产品加工厂、畜禽疫病常发区等易造成病原传播的地方，尽量不在旧鸡场上建棚或扩建。与相邻的畜禽养殖场间隔一定的距离，一般情况下不可低于500m，大型的畜禽养殖场要求更高，应当不低于 1 000～1 500m。规模养鸡场和各类的化工厂、加工厂、动物医院之间的距离要保持在 1 500m 以上，并且要将规模养鸡场的位置设置在这些场所的上风向，避免由于风向所携带的细菌和病毒进入养鸡场内部。

4.2.2 绿色养鸡场建设

养鸡场由养殖区、育雏区、生活管理区组成。养殖区由鸡舍、草地、林区及配套设施组成，育雏区用于孵化培育幼鸡，生活管理区用于养鸡场的人员生活和管理。鸡舍内部棚架的布置取决于鸡舍的宽度。一般来说，在宽度为 10～16m 的鸡舍中：垫料部分占用鸡舍中间 1/3 的部位，而棚架则沿边墙两侧铺设。这 3 个部分各占鸡舍 1/3 的宽度。这种设计可为鸡群提供足够的采食、饮水及产蛋箱的面积，有助于确保鸡群分布均匀和通风适宜。根据鸡舍宽度，也可将棚架安置在鸡舍的一侧或鸡舍的中央部位。林地结合的鸡舍搭建既要有利于防疫，又要交通方便。场地宜选在高燥、干爽、排水良好的地方。场地内要有遮阳设备，以防鸡群暴晒中暑或淋雨感冒。场地要有水源和电源，并且有围栏，以防鸡群走失和敌害侵入。

养鸡场对水的质量要求较为重要，即养殖用水不能含有重金属和有毒有害物质。养殖基地要保证畜禽饮用水清洁和排污方便。特别注意：不宜饮池塘、水沟里的死水、工业用水或再生水、未经化验的井水、生泔水、农副产品加工后的废水等。与种植业不同，禽类不直接从土壤中汲取养分，养殖场土壤中的重金属等污染物不会对其安全性产生影响，因此绿色养鸡场基地免于监测土壤环境质量。但是，需要对其饲料来源地的环境进行监测与评价，或直接采购已经获得绿色标识的饲料。

养殖场的建设要符合《绿色食品　畜禽饲养防疫准则》（NY/T 1892）、《绿色食品　动物卫生准则》（NY/T 473）等的相关要求。兽药的使用必须符合《绿色食品　兽药使用准则》（NY/T 472）等的规定。饲料及添加剂应符合《绿色食品　畜禽饲料及饲料添加剂使用准则》（NY/T 471）的规定。

肉鸡养殖过程中的粪便（畜禽加工动物性废弃物）、废水等废物，依据循环经济原理，做到统一处理。通过生产有机肥、沼气等资源化和循环利用措施，实现无害化。

4.2.3　绿色养鸡场污染源及防治措施

现阶段，我国的鸡群养殖越来越向规模化、集约化方向发展。仅规模饲养肉鸡的出栏量已占到家禽出栏量的48%以上；而蛋鸡的规模化饲养量则占到了蛋鸡总饲养量的44.2%。各养殖企业在提供大量肉蛋产品的同时，也不可避免的产生了大量的废弃物。其中，只有少量作为农家肥使用，而大量粪便尚未进行有效的处理就直接进入周围环境，造成严重的环境污染和生态破坏。

(1) 污染源种类

①低利用率饲料污染。畜禽养殖业的饲料配方不合理，营养不平衡，饲料转化率低，使大量的有机物以及氮、磷物质滞留在动物粪便内；矿物元素添加剂，造成高铜、高锌和汞、铬、砷等重金属元素在动物体组织中残留，这类未被完全消化的促长剂——金属化合物随粪尿排出，污染环境。

②粪便病源菌污染。集约化的畜禽养殖业，粪便排污量随之增加，分

解发酵产生的 NH_3、H_2S、NO_2、CO_2、CH_4 等有害气体会释放到空气中；禽排泄物中还带有大量细菌、病毒及其他微生物等，如：死鸡会滋生出许多病原微生物；鸡粪中含有大量的寄生虫、虫卵、病原菌、病毒等，滋生蚊蝇，传播病菌，尤其是人畜共患病时，容易引发疫情。既污染环境也使畜禽生存环境遭到破坏。

③兽药残留污染。畜禽养殖中，对疾病没有明确诊断随意用药、盲目用药，超剂量用药；不按疗程用药，不遵守停药期规定；非法使用违禁药物，如在饲料中添加中枢神经镇静剂；在饲料中添加促生长剂，添加抗菌药等，导致兽药残留超标，严重危害人体健康。

④饲料的生物污染。受霉菌侵染的饲料，不仅降低了营养价值，还可能浸入霉菌毒素，导致畜禽发生急性、慢性中毒。通过食物链，损害人类健康。

(2) 绿色饲养模式

①合理饲喂方式。合理的日粮供给：根据鸡对氮的需要量设计出氮排出量最小的日粮，按阶段供给饲养，使日粮接近机体需要而不浪费，从而减少环境污染；在日粮中添加必需氨基酸，如赖氨酸、蛋氨酸、色氨酸等，在不影响生长发育和生产的前提下，减少粪氮排出量。

添加生物制剂：在鸡饲料中添加酶制剂和微生态制剂等生物制剂，提高消化率，减少污染物的排放量。添加酶制剂可以使存在于细胞内的蛋白质、淀粉等大分子营养物质释放出来，利于营养物质吸收，提高饲料转化率。微生态制剂能直接参与含氮物质的代谢，进而影响矿物元素的代谢，减轻矿物元素对环境的污染，特别是对减轻畜禽粪便氮、磷污染物量有显著作用，并且还有提高饲料采食量和转化率、清除粪便臭味等多种功能。

②提倡复合农林业。复合农林业（agroforesty）又可称农林复合系统，其在解决农林争地矛盾、改善农业生态环境、提高自然资源利用率、促进生态和经济协调发展等方面具有重要的意义。如叶晓伟等运用生态经济学原理，对浙江南部丘陵山区新建梨—草—鸡复合系统的生态效益和经济效益进行了研究。结果表明，利用这种模式可以生产出有机/绿色食品；果园养鸡除草灭虫，节省饲料、培肥地力，增强鸡群体质，减少疾病发生。

③规范生产。制定严格的规章制度，建立从饲料存放、科学饲喂、防病用药到废物处理等关键环节的质量控制体系，形成定期清理、及时消毒、无害化处理、资源再利用的畜禽废物循环利用机制。

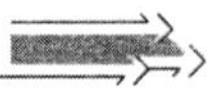

(3) 环境污染的防治措施

①兽药残留的控制。第一，执行《绿色食品兽药使用准则》、《兽药药管理条例》和《饲料药物添加剂使用规范》等标准及法律法规，达到科学用药、规范用药的要求。第二，在兽医临床上首先要对畜禽疾病做出明确诊断，然后合理有效、安全、方便地给药，反对滥用药物，尤其不能滥用抗生素。第三，采取正确用药方式，对饮水给药、混饲给药、注射给药或直接给药不能随便改变；使用恰当的剂型，按规定的用药间隔用药。

②废弃物处理措施。推广清洁生产，加强鸡场废弃物的无害化处理，减少对环境的污染。目前已经有许多成熟的废弃物处理方法。

第一，粪便。鸡粪的充分利用可带来较好的经济效益和生态效益。

制作有机肥：堆肥是最常见的一种处理方式。经过 4～6 周堆积发酵（需氧）后的鸡粪，可制成高档优质有机肥料；或经过烘干处理，进一步制成有机无机生物配方肥，以商业出售。堆肥的主要缺点在于堆积过程中由于 NH_3 挥发导致氮损失，同时加重了空气和水体的污染。

制作饲料：鸡粪是廉价的蛋白饲料。鸡粪经过如干燥、发酵、热喷、膨化等过程，可以加工成饲料。提高养殖效益，减少污染。目前，已经有发酵助剂面市，能将鸡粪发酵成肥料或饲料。

作为能源：鸡粪通过厌氧发酵等处理后，生成甲烷提供清洁能源。以大型鸡场产生的高浓度有机废水和有机含量高的废弃物为原料，建立沼气发酵工程，得到清洁能源，发酵残留物还可多级利用，是未来的发展趋势。

第二，污水。鸡场的污水主要来源于冲洗鸡舍的废水，处理方法有物理处理法、化学处理法和生物处理法，实践中常结合起来做系统处理。新建的鸡场，应配套建设较小的化粪池、发酵池或尝试种养结合。

第三，病死鸡。按照《畜禽养殖业污染防治技术规范》（HJ/T 81—2001）和农业部《高致病性禽流感疫情处置技术规范》，将病死鸡进行高温焚烧焚化或深埋处理。

4.3 加工厂区环境建设

以农产品和动植物为原料加工的食品提供人类生存所需要的热能和各种营养元素。绿色食品加工食品是采用绿色农、畜产品等为原料，按照绿色食品标准的要求，在良好的生产环境和生产条件下制造出来的食品。要求保持食物本身营养价值；保证食品清洁卫生无污染；生产对环境不产生污染与危害。

绿色食品经过多年的发展，从最初的以初级农产品为主的产业，到深加工绿色食品所占的比例逐年增加，如 2009 年，全国绿色食品加工产品总量占绿色食品总量的 22.6%，2014 年，加工产品已经发展到占绿色食品总量的 42.9%。随着国家的科技进步和人们需求的增加，加工的绿色食品产量和比例还将逐年提高。

4.3.1 加工厂区选址

绿色食品加工企业须建在交通方便，水源充足，无有害气体、烟雾、灰沙和其他危及食品安全卫生的地区。工厂应选择干燥地势、土壤清洁、便于绿化、交通方便的地方。一般要求厂址应远离工业区，如在工业区附近选址时，要设 500～1 000m 防护林带。厂址还应根据常年主导风向，选在可能的污染源的上风向。若处于下风向，则应远离其 10km 以上。工厂应按《工业企业设计卫生标准的规定》执行，最好远离居民区 1km 以上，其位置应位于居民区主导风向的上风向。同时应具备“三废”净化处理装置。

绿色食品加工厂位置合理、严格的卫生条件、先进的设施、规范的管理和高素质的员工，是保证产品质量的基本条件。

4.3.2 加工厂区环境建设

(1) 工厂布局应符合环保建设的要求

绿色食品的加工厂房与设施必须按工艺流程合理布局，便于卫生管理和清洗、消毒。厂房与设施必须结构合理、坚固、完善；经常维修保养，保持良好状态。厂房内必须有防蚊蝇、防鼠、防烟雾、防灰尘等设施。容易造成交叉污染的工序，应设隔离墙或采取其他有效措施予以隔离，防止生产过程中相互污染。

一般食品工厂由生产车间、辅助车间（如机修车间、电工车间等）、动力设施、仓储运输设施、工程管网设施及行政生活建筑等组成。厂区应按不同的功能划分为行政区、生活区和生产区等。对于生产品种多、安全卫生要求不同的生产车间，可划分成不同的生产区，如原材料、物料预处理生产区，成品、半成品生产区和成品包装生产区等。

厂区应注意绿化，绿化不但能减弱生产中散发出的有害气体和噪声，减少厂区内露土面积，而且能净化空气，减少太阳辐射热，防风保温。但绿色食品工厂生产区不宜种花，以免花粉影响食品质量。

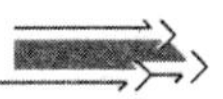

(2) 加工工艺应避免对环境的污染

对加工类食品来讲，食品质量的安全性不仅仅是种植业限用化肥、农药等化学合成物质，养殖业严格控制饲料添加剂、兽药、渔药，食品加工时注意添加剂使用方法即可解决的问题。随着食品工业的快速发展，新工艺、新技术、新原料的采用，加工中造成食品二次污染的机会也越来越多。所以绿色食品加工应尽量选择对食品的营养价值破坏少、工艺流程相对简单、避免二次污染机会的先进生产工艺，尽量少用或不用食品添加剂。

①速冻技术。冷冻技术是将物料冷却、冻结、冷藏、解冻的全过程的技术；速冻技术是采用低温、快速冻结物料的一种技术。这种技术能最大限度地保持食品原有色、香、味及食品外观、质地和营养价值，是目前世界上普遍采用的方法。

②浓缩技术。冷冻浓缩：食品冷冻浓缩一般用于果汁、蔬菜汁的浓缩。由于是在低温下进行浓缩，可以最大限度地保持食品中的营养成分和风味，是比较符合绿色食品要求的生产方法。

真空浓缩：食品的真空浓缩是将被浓缩溶液放入真空罐中，然后加热用真空泵使其处于减压状态。由于压力降低，溶液的沸点也随之降低，水分则大量蒸发，进而达到浓缩的目的。真空浓缩广泛应用于果汁、果酱和糖类等溶液的浓缩，如番茄酱生产。真空浓缩与常压浓缩相比，能最大限度地保持食品的色泽、风味和营养价值。

③干燥技术。冷冻干燥：食品冷冻干燥是在低温、低压下进行，干燥物料的温度低，比加热干燥有许多优点。在物理方面，冷冻干燥食品不干缩、不变形、表面无硬化，内部结构为多孔状，复水性好，可达到速溶；在化学方面，可以最大限度保持食品的营养成分、风味和色泽。

喷雾干燥：喷雾干燥具有干燥速度快、干燥温度低、操作方便等特点，干燥的产品具有良好的分散性、溶解性和疏松性，其色、香、味及各种营养成分的损失都很小，适宜连续化、自动化加工，广泛应用于乳粉、蛋粉、果蔬制品、固体饮料和酵母粉等产品的加工。

④超临界 CO_2 萃取技术。超临界 CO_2 萃取技术的优点是操作温度接近室温、对有机物选择性较好、溶解能力强、无毒无残留等，特别适合于天然产物的分离精制，如咖啡因的脱除，沙棘油、啤酒花和芦荟中有效成分的萃取等。超临界萃取技术是目前对环境污染程度最低的提取分离技术。

⑤膜分离技术。膜分离技术是一种用天然或人工合成的高分子薄膜，

以外界能量或化学位差为推动力，对双组分或多组分混合物进行分离、分级、提纯和浓缩的方法。该技术主要有反渗透、超滤和电渗析3种。在乳品工业中，反渗透、超滤技术主要应用于乳清蛋白的回收、脱盐和牛乳的浓缩。在饮料工业中，反渗透主要应用于原果汁的预浓缩，其优点是能较好地保留原果汁中的芳香物质及维生素，而普通的蒸发法浓缩则几乎将其全部破坏和丢失。其特点是操作简便，果汁澄清度高，澄清速度快，且滤后果汁中的细菌、霉菌、酵母和果胶被去除，产品的保质期较长。在豆制品工业中，膜分离主要应用于从废液中回收蛋白质，既回收了有用物质，又减少了对环境污染。

⑥杀灭菌技术。绿色食品加工中的杀灭菌工艺是通常的工艺，它保证消除微生物危害，用于加工过程的各个环节，如原料杀灭菌（如冰淇淋生产），中间产品杀灭菌（如酸牛乳生产）以及成品杀灭菌（如饮料生产）。绿色食品生产过程中不应采用辐射技术，尽量减少防腐剂等化学灭菌方法，加热杀灭菌是最普遍的物理灭菌方法。

4.3.3 加工厂区污染防治

大多数食品在其加工过程中，需要大量用水，其中仅有少量水构成制品，大量的水是用来对各种食物原料的清洗、烫漂、消毒、冷却以及容器和设备的清洗。因此，食品工业排放的废水量很大。由于食品工业的原料广泛，产品种类繁多，排出的废水水质、水量差异也很大。废水中含的主要污染物有漂浮在废水中的固体物质，如植物叶片、肉和骨的碎屑、动物或鱼的内脏、排泄物和畜毛、植物的废渣和皮等；悬浮在废水中的油脂、蛋白质、淀粉、血水、酒糟、胶体物等；溶解在废水中的糖、酸、盐类等；来自原料挟带的泥沙和动物粪便等；可能存在的致病菌等。概括地说，食品工业废水的主要特点是：有机物质和悬浮物含量高，易腐败，一般无毒性。下面以果汁加工企业为例，介绍一下主要污染类型和污染防治措施。

(1) 主要污染类型

①水污染。果汁废水是由酸、碱、消毒剂和高分子有机物组成的高浓度有机废水。主要产生于洗果、生产清洗（设备、地面的冲洗，CIP清洗及树脂再生清洗）、罐底物排放、蒸发冷凝水、反渗透水排放和锅炉房排水和车间生活污水。

②大气污染。果汁行业设有燃煤锅炉，大气污染物为燃煤锅炉产生的烟尘、二氧化硫和氮氧化物等污染物；食堂产生的餐饮油烟等。

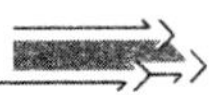

③固体废物。企业产生的固体污染物主要来自于车间的生产垃圾、锅炉房的炉渣、生活垃圾、实验室产生的固体废物以及现有项目自建污水站中定期排放的废弃活性污泥。

（2）污染的防治措施

①水污染的处理。在生产过程中的水尽量循环利用，如果汁生产线的洗果单元，冲洗水可以回用为预洗水，后冲洗水可以用于前冲洗水，喷淋后的水比较清洁可以回用到洗果池；反渗透排放大量的高浓度废水，只含溶解盐类，直接排放造成浪费，可以用于清洁水；树脂吸附再生的过程中最后的漂洗水浓度很低，这部分水可以有效利用起来；超滤罐底物COD较高，可采用离心脱水，增大果汁产量，固体也可回收用作原料。根据废水的水质特点，按物理法、化学法、物理化学法和生物处理法进行处理：利用物理作用，分离和回收废水中不溶解的、呈悬浮固体状态的污染物质；利用化学处理法，投加药剂经萃取、汽提、吹脱、吸附、离子交换等化学过程；利用生物处理法，综合运用好氧生物处理法和厌氧生物处理法，使废水中呈溶解状胶体以及细微悬浮固体状的有机性污染物转化为稳定、无害的物质。

②大气污染的处理。燃煤锅炉废气治理采用集除尘、脱硫于一体的设施，采用旋风多转式湿式脱硫法，其除尘率在95%，脱硫率在70%。

③固体废物的处理。可将果渣出售给各大饲料厂；燃煤锅炉产生的炉渣收集后，出售给建筑材料厂处理；生活垃圾需定点存放后交由当地环卫部门定时清理；废弃的活性污泥按有关环保规定外运处理。

附　　录

附　录　1

ICS 65.020.01
B 00

中华人民共和国农业行业标准

NY/T 391—2013
代替 NY/T 391—2000

绿色食品　产地环境质量

Green food—Environmental quality for production area

2013-12-13 发布　　　　2014-04-01 实施

中华人民共和国农业部　发布

前　　言

本标准按照 GB/T 1.1—2009 给出的规则起草。

本标准代替 NY/T 391—2000《绿色食品　产地环境技术条件》，与 NY/T 391—2000 相比，除编辑性修改外主要技术变化如下：

——修改了标准中英文名称；
——修改了标准适用范围；
——增加了生态环境要求；
——删除了空气质量中氮氧化物项目，增加了二氧化氮项目；
——增加了农田灌溉水中化学需氧量、石油类项目；
——增加了渔业水质淡水和海水分类，删除了悬浮物项目，增加了活性磷酸盐项目，修订了 pH 项目；
——增加了加工用水水质、食用盐原料水质要求；
——增加了食用菌栽培基质质量要求；
——增加了土壤肥力要求；
——删除了附录 A。

本标准由农业部农产品质量安全监管局提出。

本标准由中国绿色食品发展中心归口。

本标准起草单位：中国科学院沈阳应用生态研究所、中国绿色食品发展中心。

本标准主要起草人：王莹、王颜红、李国琛、李显军、宫凤影、崔杰华、王瑜、张红。

本标准的历次版本发布情况为：

——NY/T 391—2000。

引　　言

绿色食品指产自优良生态环境、按照绿色食品标准生产、实行全程质量控制并获得绿色食品标志使用权的安全、优质食用农产品及相关产品。发展绿色食品，要遵循自然规律和生态学原理，在保证农产品安全、生态安全和资源安全的前提下，合理利用农业资源，实现生态平衡、资源利用和可持续发展的长远目标。

产地环境是绿色食品生产的基本条件，NY/T 391—2000 对绿色食品产地环境的空气、水、土壤等制定了明确要求，为绿色食品产地环境的选择和持续利用发挥了重要指导作用。近几年，随着生态环境的变化，环境污染重点有所转移，同时标准应用过程中也遇到一些新问题，因此有必要对 NY/T 391—2000 进行修订。

本次修订坚持遵循自然规律和生态学原理，强调农业经济系统和自然生态系统的有机循环。修订过程中主要依据国内外各类环境标准，结合绿色食品生产实际情况，辅以大量科学实验验证，确定不同产地环境的监测项目及限量值，并重点突出绿色食品生产对土壤肥力的要求和影响。修订后的标准将更加规范绿色食品产地环境选择和保护，满足绿色食品安全优质的要求。

绿色食品　产地环境质量

1　范围

本标准规定了绿色食品产地的术语和定义、生态环境要求、空气质量要求、水质要求、土壤质量要求。

本标准适用于绿色食品生产。

2　规范性引用文件

下列文件对于本文件的应用是必不可少的。凡是注日期的引用文件，仅注日期的版本适用于本文件。凡是不注日期的引用文件，其最新版本(包括所有的修改单)适用于本文件。

GB/T 5750.4　生活饮用水标准检验方法　感官性状和物理指标

GB/T 5750.5　生活饮用水标准检验方法　无机非金属指标

GB/T 5750.6　生活饮用水标准检验方法　金属指标

GB/T 5750.12　生活饮用水标准检验方法　微生物指标

GB/T 6920　水质　pH 值的测定　玻璃电极法

GB/T 7467　水质　六价铬的测定　二苯碳酰二肼分光光度法

GB/T 7475　水质　铜、锌、铅、镉的测定　原子吸收分光光度法

GB/T 7484　水质　氟化物的测定　离子选择电极法

GB/T 7485　水质　总砷的测定　二乙基二硫代氨基甲酸银分光光度法

GB/T 7489　水质　溶解氧的测定　碘量法

GB 11914　水质　化学需氧量的测定　重铬酸盐法

GB/T 12763.4　海洋调查规范　第 4 部分：海水化学要素调查

GB/T 15432　环境空气　总悬浮颗粒物的测定　重量法

GB/T 17138　土壤质量　铜、锌的测定　火焰原子吸收分光光度法

GB/T 17141　土壤质量　铅、镉的测定　石墨炉原子吸收分光光度法

GB/T 22105.1　土壤质量　总汞、总砷、总铅的测定　原子荧光法　第 1 部分：土壤中总汞的测定

GB/T 22105.2　土壤质量　总汞、总砷、总铅的测定　原子荧光法

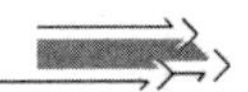

第 2 部分：土壤中总砷的测定

HJ 479　环境空气　氮氧化物（一氧化氮和二氧化氮）的测定　盐酸萘乙二胺分光光度法

HJ 480　环境空气　氟化物的测定　滤膜采样氟离子选择电极法

HJ 482　环境空气　二氧化硫的测定　甲醛吸收—副玫瑰苯胺分光光度法

HJ 491　土壤　总铬的测定　火焰原子吸收分光光度法

HJ 503　水质　挥发酚的测定　4-氨基安替比林分光光度法

HJ 505　水质　五日生化需氧量（BOD_5）的测定　稀释与接种法

HJ 597　水质　总汞的测定　冷原子吸收分光光度法

HJ 637　水质　石油类和动植物油类的测定　红外分光光度法

LY/T 1233　森林土壤有效磷的测定

LY/T 1236　森林土壤速效钾的测定

LY/T 1243　森林土壤阳离子交换量的测定

NY/T 53　土壤全氮测定法（半微量开氏法）

NY/T 1121.6　土壤检测　第 6 部分：土壤有机质的测定

NY/T 1377　土壤 pH 的测定

SL 355　水质　粪大肠菌群的测定—多管发酵法

3　术语和定义

下列术语和定义适用于本文件。

3.1

环境空气标准状态　ambient air standard state

指温度为 273 K，压力为 101.325 kPa 时的环境空气状态。

4　生态环境要求

绿色食品生产应选择生态环境良好、无污染的地区，远离工矿区和公路、铁路干线，避开污染源。

应在绿色食品和常规生产区域之间设置有效的缓冲带或物理屏障，以防止绿色食品生产基地受到污染。

建立生物栖息地，保护基因多样性、物种多样性和生态系统多样性，以维持生态平衡。

应保证基地具有可持续生产能力，不对环境或周边其他生物产生污染。

5　空气质量要求

应符合表1要求。

表1　空气质量要求（标准状态）

项　　目	指　　标		检测方法
	日平均[a]	1小时[b]	
总悬浮颗粒物，mg/m^3	≤0.30	—	GB/T 15432
二氧化硫，mg/m^3	≤0.15	≤0.50	HJ 482
二氧化氮，mg/m^3	≤0.08	≤0.20	HJ 479
氟化物，$\mu g/m^3$	≤7	≤20	HJ 480

[a] 日平均指任何一日的平均指标。
[b] 1小时指任何一小时的指标。

6　水质要求

6.1　农田灌溉水质要求

农田灌溉用水，包括水培蔬菜和水生植物，应符合表2要求。

表2　农田灌溉水质要求

项　　目	指　标	检测方法
pH	5.5～8.5	GB/T 6920
总汞，mg/L	≤0.001	HJ 597
总镉，mg/L	≤0.005	GB/T 7475
总砷，mg/L	≤0.05	GB/T 7485
总铅，mg/L	≤0.1	GB/T 7475
六价铬，mg/L	≤0.1	GB/T 7467
氟化物，mg/L	≤2.0	GB/T 7484
化学需氧量（CODcr），mg/L	≤60	GB 11914
石油类，mg/L	≤1.0	HJ 637
粪大肠菌群[a]，个/L	≤10 000	SL 355

[a] 灌溉蔬菜、瓜类和草本水果的地表水需测粪大肠菌群，其他情况不测粪大肠菌群。

6.2　渔业水质要求

渔业用水应符合表3要求。

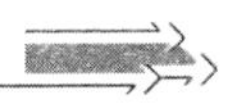

表3　渔业水质要求

项　　目	指　　标		检测方法
	淡水	海水	
色、臭、味	不应有异色、异臭、异味		GB/T 5750.4
pH	6.5～9.0		GB/T 6920
溶解氧，mg/L	>5		GB/T 7489
生化需氧量（BOD_5），mg/L	≤5	≤3	HJ 505
总大肠菌群，MPN/100 mL	≤500（贝类50）		GB/T 5750.12
总汞，mg/L	≤0.000 5	≤0.000 2	HJ 597
总镉，mg/L	≤0.005		GB/T 7475
总铅，mg/L	≤0.05	≤0.005	GB/T 7475
总铜，mg/L	≤0.01		GB/T 7475
总砷，mg/L	≤0.05	≤0.03	GB/T 7485
六价铬，mg/L	≤0.1	≤0.01	GB/T 7467
挥发酚，mg/L	≤0.005		HJ 503
石油类，mg/L	≤0.05		HJ 637
活性磷酸盐（以P计），mg/L	—	≤0.03	GB/T 12763.4
水中漂浮物质需要满足水面不应出现油膜或浮沫要求。			

6.3　畜禽养殖用水要求

畜禽养殖用水，包括养蜂用水，应符合表4要求。

表4　畜禽养殖用水要求

项　　目	指　　标	检测方法
色度[a]	≤15，并不应呈现其他异色	GB/T 5750.4
浑浊度[a]（散射浑浊度单位），NTU	≤3	GB/T 5750.4
臭和味	不应有异臭、异味	GB/T 5750.4
肉眼可见物[a]	不应含有	GB/T 5750.4
pH	6.5～8.5	GB/T 5750.4
氟化物，mg/L	≤1.0	GB/T 5750.5
氰化物，mg/L	≤0.05	GB/T 5750.5
总砷，mg/L	≤0.05	GB/T 5750.6
总汞，mg/L	≤0.001	GB/T 5750.6

（续）

项　　目	指　　标	检测方法
总镉，mg/L	≤0.01	GB/T 5750.6
六价铬，mg/L	≤0.05	GB/T 5750.6
总铅，mg/L	≤0.05	GB/T 5750.6
菌落总数[a]，CFU/mL	≤100	GB/T 5750.12
总大肠菌群，MPN/100 mL	不得检出	GB/T 5750.12

[a] 散养模式免测该指标。

6.4　加工用水要求

加工用水包括食用菌生产用水、食用盐生产用水等，应符合表5要求。

表5　加工用水要求

项　　目	指　　标	检测方法
pH	6.5～8.5	GB/T 5750.4
总汞，mg/L	≤0.001	GB/T 5750.6
总砷，mg/L	≤0.01	GB/T 5750.6
总镉，mg/L	≤0.005	GB/T 5750.6
总铅，mg/L	≤0.01	GB/T 5750.6
六价铬，mg/L	≤0.05	GB/T 5750.6
氰化物，mg/L	≤0.05	GB/T 5750.5
氟化物，mg/L	≤1.0	GB/T 5750.5
菌落总数，CFU/mL	≤100	GB/T 5750.12
总大肠菌群，MPN/100 mL	不得检出	GB/T 5750.12

6.5　食用盐原料水质要求

食用盐原料水包括海水、湖盐或井矿盐天然卤水，应符合表6要求。

表6　食用盐原料水质要求

项　　目	指　　标	检测方法
总汞，mg/L	≤0.001	GB/T 5750.6
总砷，mg/L	≤0.03	GB/T 5750.6
总镉，mg/L	≤0.005	GB/T 5750.6
总铅，mg/L	≤0.01	GB/T 5750.6

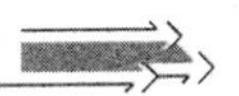

7　土壤质量要求

7.1　土壤环境质量要求

按土壤耕作方式的不同分为旱田和水田两大类，每类又根据土壤 pH 的高低分为三种情况，即 pH<6.5、6.5≤pH≤7.5、pH>7.5。应符合表 7 要求。

表 7　土壤质量要求

项　目	旱田			水田			检测方法
	pH<6.5	6.5≤pH≤7.5	pH>7.5	pH<6.5	6.5≤pH≤7.5	pH>7.5	NY/T 1377
总镉，mg/kg	≤0.30	≤0.30	≤0.40	≤0.30	≤0.30	≤0.40	GB/T 17141
总汞，mg/kg	≤0.25	≤0.30	≤0.35	≤0.30	≤0.40	≤0.40	GB/T 22105.1
总砷，mg/kg	≤25	≤20	≤20	≤20	≤20	≤15	GB/T 22105.2
总铅，mg/kg	≤50	≤50	≤50	≤50	≤50	≤50	GB/T 17141
总铬，mg/kg	≤120	≤120	≤120	≤120	≤120	≤120	HJ 491
总铜，mg/kg	≤50	≤60	≤60	≤50	≤60	≤60	GB/T 17138

注 1：果园土壤中铜限量值为旱田中铜限量值的 2 倍。
注 2：水旱轮作的标准值取严不取宽。
注 3：底泥按照水田标准执行。

7.2　土壤肥力要求

土壤肥力按照表 8 划分。

表 8　土壤肥力分级指标

项目	级别	旱地	水田	菜地	园地	牧地	检测方法
有机质，g/kg	Ⅰ Ⅱ Ⅲ	>15 10～15 <10	>25 20～25 <20	>30 20～30 <20	>20 15～20 <15	>20 15～20 <15	NY/T 1121.6
全氮，g/kg	Ⅰ Ⅱ Ⅲ	>1.0 0.8～1.0 <0.8	>1.2 1.0～1.2 <1.0	>1.2 1.0～1.2 <1.0	>1.0 0.8～1.0 <0.8	— — —	NY/T 53
有效磷，mg/kg	Ⅰ Ⅱ Ⅲ	>10 5～10 <5	>15 10～15 <10	>40 20～40 <20	>10 5～10 <5	>10 5～10 <5	LY/T 1233

（续）

项目	级别	旱地	水田	菜地	园地	牧地	检测方法
速效钾，mg/kg	Ⅰ Ⅱ Ⅲ	＞120 80～120 ＜80	＞100 50～100 ＜50	＞150 100～150 ＜100	＞100 50～100 ＜50	— — —	LY/T 1236
阳离子交换量，cmol（+）/kg	Ⅰ Ⅱ Ⅲ	＞20 15～20 ＜15	＞20 15～20 ＜15	＞20 15～20 ＜15	＞20 15～20 ＜15	— — —	LY/T 1243
注：底泥、食用菌栽培基质不做土壤肥力检测。							

7.3 食用菌栽培基质质量要求

土培食用菌栽培基质按 7.1 执行，其他栽培基质应符合表 9 要求。

表 9 食用菌栽培基质要求

项 目	指标	检测方法
总汞，mg/kg	≤0.1	GB/T 22105.1
总砷，mg/kg	≤0.8	GB/T 22105.2
总镉，mg/kg	≤0.3	GB/T 17141
总铅，mg/kg	≤35	GB/T 17141

附　录　2

ICS 13.020.40
Z 51

中华人民共和国农业行业标准

NY/T 1054—2013
代替 NY/T 1054—2006

绿色食品
产地环境调查、监测与评价规范

Green food—Specification for field environmental investigation, monitoring and assessment

2013-12-13 发布　　　　2014-04-01 实施

中华人民共和国农业部　发布

前　言

本标准按照 GB/T 1.1—2009 给出的规则起草。

本标准代替 NY/T 1054—2006《绿色食品　产地环境调查、监测与评价导则》，与 NY/T 1054—2006 相比，除编辑性修改外主要技术变化如下：

——修改了标准中英文名称；

——修改了调查方法；

——增加了食用盐原料产区和食用菌栽培基质的调查、监测及评价方法；

——调整了部分环境质量免测条件和采样点布设点数；

——修改了评价原则和方法。

本标准由农业部农产品质量安全监管局提出。

本标准由中国绿色食品发展中心归口。

本标准起草单位：中国科学院沈阳应用生态研究所、中国绿色食品发展中心。

本标准主要起草人：王颜红、崔杰华、李显军、张宪、李国琛、王莹、王瑜、林桂凤。

本标准的历次版本发布情况为：

——NY/T 1054—2006。

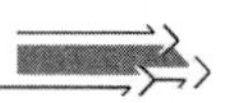

引　　言

根据农业部《绿色食品标志管理办法》和NY/T 391《绿色食品　产地环境质量》的要求，特制定本规范。

产地环境质量状况直接影响绿色食品质量，是绿色食品可持续发展的先决条件。绿色食品的安全、优质和营养特性，不仅依赖合格的空气、水质、土壤等产地环境质量要素，也需要合理的农业产业结构和配套的生态环境保护措施。一套科学有效的产地环境调查、监测与评价方法是保证绿色食品生产基地安全条件的基本要求。

制定《规范》，目的在于规范绿色食品产地环境质量调查、监测、评价的原则、内容和方法，科学、正确地评价绿色食品产地环境质量，为绿色食品认证提供科学依据。同时，要通过以清洁生产和生态保护为基础的农业生态结构调节，保证农业生态系统的主要功能趋于良性循环，达到保护资源、增加效益、促进农业可持续发展的目的，最终实现经济效应和生态安全和谐统一。《规范》制定以立足现实、兼顾长远，以科学性、准确性、可操作性为原则，保证NY/T 391《绿色食品　产地环境质量》的实施。

绿色食品 产地环境调查、监测与评价规范

1 范围

本标准规定了绿色食品产地环境调查、产地环境质量监测和产地环境质量评价的要求。

本标准适用于绿色食品产地环境。

2 规范性引用文件

下列文件对于本文件的应用是必不可少的。凡是注日期的引用文件，仅注日期的版本适用于本文件。凡是不注日期的引用文件，其最新版本（包括所有的修改单）适用于本文件。

NY/T 391 绿色食品 产地环境质量

NY/T 395 农田土壤环境质量监测技术规范

NY/T 396 农用水源环境质量监测技术规范

NY/T 397 农区环境空气质量监测技术规范

3 产地环境调查

3.1 调查目的和原则

产地环境质量调查的目的是科学、准确地了解产地环境质量现状，为优化监测布点提供科学依据。根据绿色食品产地环境特点，兼顾重要性、典型性、代表性，重点调查产地环境质量现状、发展趋势及区域污染控制措施，兼顾产地自然环境、社会经济及工农业生产对产地环境质量的影响。

3.2 调查方法

省级绿色食品工作机构负责组织对申报绿色食品产品的产地环境进行现状调查，并确定布点采样方案。现状调查应采用现场调查方法，可以采取资料核查、座谈会、问卷调查等多种形式。

3.3 调查内容

3.3.1 自然地理：地理位置、地形地貌。

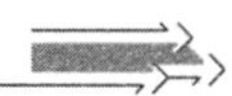

3.3.2　气候与气象：该区域的主要气候特性，年平均风速和主导风向、年平均气温、极端气温与月平均气温、年平均相对湿度、年平均降水量、降水天数、降水量极值、日照时数。

3.3.3　水文状况：该区域地表水、水系、流域面积、水文特征、地下水资源总量及开发利用情况等。

3.3.4　土地资源：土壤类型、土壤肥力、土壤背景值、土壤利用情况。

3.3.5　植被及生物资源：林木植被覆盖率、植物资源、动物资源、鱼类资源等。

3.3.6　自然灾害：旱、涝、风灾、冰雹、低温、病虫草鼠害等。

3.3.7　社会经济概况：行政区划、人口状况、工业布局、农田水利和农村能源结构情况。

3.3.8　农业生产方式：农业种植结构、生态养殖模式。

3.3.9　工农业污染：包括污染源分布、污染物排放、农业投入品使用情况。

3.3.10　生态环境保护措施：包括废弃物处理、农业自然资源合理利用；生态农业、循环农业、清洁生产、节能减排等情况。

3.4　产地环境调查报告内容

根据调查、了解、掌握的资料情况，对申报产品及其原料生产基地的环境质量状况进行初步分析，出具调查分析报告，报告包括如下内容：

——产地基本情况、地理位置及分布图；

——产地灌溉用水环境质量分析；

——产地环境空气质量分析；

——产地土壤环境质量分析；

——农业生产方式、工农业污染、生态环境保护措施等；

——综合分析产地环境质量现状，确定优化布点监测方案；

——调查单位及调查时间。

4　产地环境质量监测

4.1　空气监测

4.1.1　布点原则

依据产地环境调查分析结论和产品工艺特点，确定是否进行空气质量监测。进行产地环境空气质量监测的地区，可根据当地生物生长期内的主导风向，重点监测可能对产地环境造成污染的污染源的下风向。

4.1.2　样点数量

样点布设点数应充分考虑产地布局、工矿污染源情况和生产工艺等特点，按表1的规定执行；同时还应根据空气质量稳定性以及污染物对原料生长的影响程度适当增减，有些类型产地可以减免布设点数，具体要求详见表2。

表1　不同产地类型空气点数布设表

产地类型	布设点数，个
布局相对集中，面积较小，无工矿污染源	1～3
布局较为分散，面积较大，无工矿污染源	3～4

表2　减免布设空气点数的区域情况表

产地类型	减免情况
产地周围5 km，主导风向的上风向20 km内无工矿污染源的种植业区	免测
设施种植业区	只测温室大棚外空气
养殖业区	只测养殖原料生产区域的空气
矿泉水等水源地和食用盐原料产区	免测

4.1.3　采样方法

a）　空气监测点应选择在远离树木、城市建筑及公路、铁路的开阔地带，若为地势平坦区域，沿主导风向45°～90°夹角内布点；若为山谷地貌区域，应沿山谷走向布点。各监测点之间的设置条件相对一致，间距一般不超过5 km，保证各监测点所获数据具有可比性。

b）　采样时间应选择在空气污染对生产质量影响较大的时期进行，采样频率为每天4次，上下午各2次，连采2 d。采样时间分别为：晨起、午前、午后和黄昏，每次采样量不得低于10 m^3。遇雨雪等降水天气停采，时间顺延。取4次平均值，作为日均值。

c）　其他要求按NY/T 397的规定执行。

4.1.4　监测项目和分析方法

按NY/T 391的规定执行。

4.2　水质监测

4.2.1　布点原则

a)　水质监测点的布设要坚持样点的代表性、准确性和科学性的原则。

b)　坚持从水污染对产地环境质量的影响和危害出发，突出重点、照顾一般的原则。即优先布点监测代表性强，最有可能对产地环境造成污染的方位、水源（系）或产品生产过程中对其质量有直接影响的水源。

4.2.2　样点数量

对于水资源丰富，水质相对稳定的同一水源（系），样点布设1个～3个，若不同水源（系）则依次叠加，具体布设点数按表3的规定执行。水资源相对贫乏、水质稳定性较差的水源及对水质要求较高的作物产地，则根据实际情况适当增设采样点数；对水质要求较低的粮油作物、禾本植物等，采样点数可适当减少，有些情况可以免测水质，详见表4。

表3　不同产地类型水质点数布设表

产地类型		布设点数（以每个水源或水系计），个
种植业（包括水培蔬菜和水生植物）		1
近海（包括滩涂）渔业		1～3
养殖业	集中养殖	1～3
	分散养殖	1
食用盐原料用水		1～3
加工用水		1～3

表4　免测水质的产地类型情况表

产地类型	布设点数（以每个水源或水系计）
灌溉水系天然降雨的作物	免测
深海渔业	免测
矿泉水水源	免测

4.2.3　采样方法

a)　采样时间和频率：种植业用水在农作物生长过程中灌溉用水的

主要灌期采样 1 次；水产养殖业用水，在其生长期采样 1 次；畜禽养殖业用水，宜与原料产地灌溉用水同步采集饮用水水样 1 次；加工用水每个水源采集水样 1 次。

b）　其他要求按 NY/T 396 的规定执行。

4.2.4　监测项目和分析方法

按 NY/T 391 的规定执行。

4.3　土壤监测

4.3.1　布点原则

绿色食品产地土壤监测点布设，以能代表整个产地监测区域为原则；不同的功能区采取不同的布点原则；宜选择代表性强、可能造成污染的最不利的方位、地块。

4.3.2　样点数量

4.3.2.1　大田种植区

按照表 5 的规定执行，种植区相对分散，适当增加采样点数。

表 5　大田种植区土壤样点数量布设表

产地面积	布设点数
2 000 hm^2 以内	3 个～5 个
2 000 hm^2 以上	每增加 1 000 hm^2，增加 1 个

4.3.2.2　蔬菜露地种植区

按照表 6 的规定执行。

表 6　蔬菜露地种植区土壤样点数量布设表

产地面积	布设点数
200 hm^2 以内	3 个～5 个
200 hm^2 以上	每增加 100 hm^2，增加 1 个
注：莲藕、荸荠等水生植物采集底泥。	

4.3.2.3　设施种植业区

按照表 7 的规定执行，栽培品种较多、管理措施和水平差异较大，应适当增加采样点数。

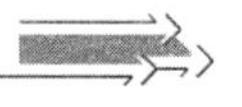

表7　设施种植业区土壤样点数量布设表

产地面积	布设点数
100 hm^2以内	3个
100 hm^2～300 hm^2	5个
300 hm^2以上	每增加100 hm^2，增加1个

4.3.2.4　食用菌种植区

根据品种和组成不同，每种基质采集不少于3个。

4.3.2.5　野生产品生产区

按照表8的规定执行。

表8　野生产品生产区土壤样点数量布设表

产地面积	布设点数
2 000 hm^2以内	3个
2 000 hm^2～5 000 hm^2	5个
5 000 hm^2～10 000 hm^2	7个
10 000 hm^2以上	每增加5 000 hm^2，增加1个

4.3.2.6　其他生产区域

按照表9的规定执行。

表9　其他生产区域土壤样点数量布设表

产地类型	布设点数
近海（包括滩涂）渔业	不少于3个（底泥）
淡水养殖区	不少于3个（底泥）
注：深海和网箱养殖区、食用盐原料产区、矿泉水水源区、加工业区免测。	

4.3.3　采样方法

a)　在环境因素分布比较均匀的监测区域，采取网格法或梅花法布点；在环境因素分布比较复杂的监测区域，采取随机布点法布点；在可能受污染的监测区域，可采用放射法布点。

b）　土壤样品原则上要求安排在作物生长期内采样，采样层次按表10的规定执行，对于基地区域内同时种植一年生和多年生作物，采样点数量按照申报品种，分别计算面积进行确定。

c）　其他要求按 NY/T 395 的规定执行。

表 10　不同产地类型土壤采样层次表

产地类型	采样层次，cm
一年生作物	0～20
多年生作物	0～40
底泥	0～20

4.3.4　监测项目和分析方法

土壤和食用菌栽培基质的监测项目和分析方法按 NY/T 391 的规定执行。

5　产地环境质量评价

5.1　概述

绿色食品产地环境质量评价的目的，是为保证绿色食品安全和优质，从源头上为生产基地选择优良的生态环境，为绿色食品管理部门的决策提供科学依据，实现农业可持续发展。环境质量现状评价是根据环境（包括污染源）的调查与监测资料，应用具有代表性、简便性和适用性的环境质量指数系统进行综合处理，然后对这一区域的环境质量现状做出定量描述，并提出该区域环境污染综合防治措施。产地环境质量评价包括污染指数评价、土壤肥力等级划分和生态环境质量分析等。

5.2　评价程序

应按图 1 的规定执行。

5.3　评价标准

按 NY/T 391 的规定执行。

5.4　评价原则和方法

5.4.1　污染指数评价

5.4.1.1　首先进行单项污染指数评价，按照式（1）计算。如果有一项单

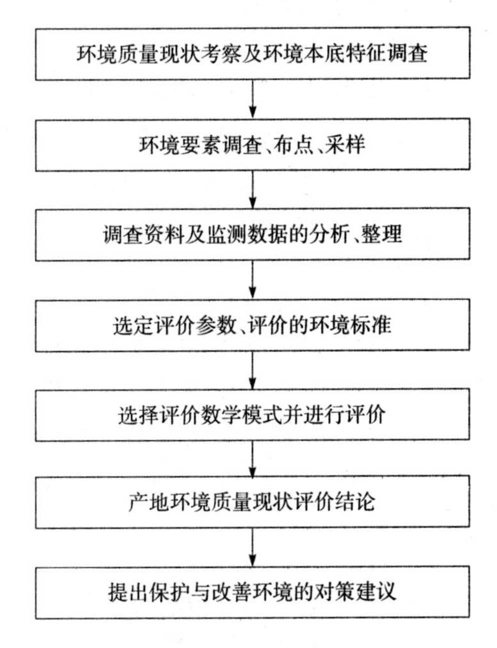

图 1　绿色食品产地环境质量评价工作程序图

项污染指数大于 1，视为该产地环境质量不符合要求，不适宜发展绿色食品。对于有检出限的未检出项目，污染物实测值取检出限的一半进行计算，而没有检出限的未检出项目如总大肠菌群，污染物实测值取 0 进行计算。对于 pH 的单项污染指数按式（2）计算。

$$P_i = \frac{C_i}{S_i} \quad \cdots\cdots (1)$$

式中：

P_i——监测项目 i 的污染指数；

C_i——监测项目 i 的实测值；

S_i——监测项目 i 的评价标准值。

$$P_{\mathrm{pH}} = \frac{|\mathrm{pH} - \mathrm{pH}_{sm}|}{(\mathrm{pH}_{su} - \mathrm{pH}_{sd})/2} \quad \cdots\cdots (2)$$

其中，$\mathrm{pH}_{sm} = \frac{1}{2}(\mathrm{pH}_{su} + \mathrm{pH}_{sd})$

式中：

P_{pH} ——pH 的污染指数；

pH ——pH 的实测值；

pH_{su}——pH 允许幅度的上限值；

pH_{sd}——pH 允许幅度的下限值。

5.4.1.2 单项污染指数均小于等于 1，则继续进行综合污染指数评价。综合污染指数分别按照式（3）和式（4）计算，并按表 11 的规定进行分级。综合污染指数可作为长期绿色食品生产环境变化趋势的评价指标。

$$P_{综}=\sqrt{\frac{(C_i/S_i)_{max}^2+(C_i/S_i)_{ave}^2}{2}} \quad \cdots\cdots (3)$$

式中：

$P_{综}$——水质（或土壤）的综合污染指数；

$(C_i/S_i)_{max}$——水质（或土壤）中污染物中污染指数的最大值；

$(C_i/S_i)_{ave}$——水质（或土壤）污染物中污染指数的平均值。

$$P'_{综}=\sqrt{(C'_i/S'_i)_{max}\times(C'_i/S'_i)_{ave}} \quad \cdots\cdots (4)$$

式中：

$P'_{综}$——空气的综合污染指数；

$(C'_i/S'_i)_{max}$——空气污染物中污染指数的最大值；

$(C'_i/S'_i)_{ave}$——空气污染物中污染指数的平均值。

表 11 综合污染指数分级标准

土壤综合污染指数	水质综合污染指数	空气综合污染指数	等级
≤0.7	≤0.5	≤0.6	清洁
0.7～1.0	0.5～1.0	0.6～1.0	尚清洁

5.4.2 土壤肥力评价

土壤肥力仅进行分级划定，不作为判定产地环境质量合格的依据，但可作为评价农业活动对环境土壤养分的影响及变化趋势。

5.4.3 生态环境质量分析

根据调查掌握的资料情况，对产地生态环境质量做出描述，包括农业产业结构的合理性、污染源状况与分布、生态环境保护措施及其生态环境效应分析，以此可作为农业生产中环境保护措施的效果评估。

5.5 评价报告内容

评价报告应包括如下内容：

——前言，包括评价任务的来源、区域基本情况和产品概述；

——产地环境状况，包括自然状况、农业生产方式、污染源分布和生态环境保护措施等；

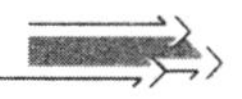

——产地环境质量监测，包括布点原则、分析项目、分析方法和测定结果；

——产地环境评价，包括评价方法、评价标准、评价结果与分析；

——结论；

——附件，包括产地方位图和采样点分布图等。

参考文献

安志装，王校常，施卫明，等，2002. 重金属与营养元素交互作用的植物生理效应 [J]. 土壤与环境，11 (4)：392-396.
包锡南，潘淑君，1991，美国农业生态环境现状和对策 [J]. 农业环境与发展 (2)：1-7.
蔡玉秋，2013. 我国农业生态环境预警问题研究 [J]. 生态经济 (1)：174-177.
陈利，2011. 我国农业生态环境现状及保护措施 [J]. 农业科技与装备，6 (204)：120-122.
陈木义，2005. 日晒盐生产工艺最佳控制的探讨 [J]. 海湖盐与化工 (6)：20-23.
邓志强，2009. 工业污染防治中的利我国益冲突与协调研究 [D]. 长沙：中南大学.
董淑萍，2012. 辽宁地区种植业污染源调查存在问题与对策建议 [J]. 农业环境与发展 (3)：94-97.
段华波，黄启飞，王琪，等，2007. 土壤有机物污染控制标准制订的方法学研究 [J]. 环境污染与防治 (1)：70-73.
范飞，周启星，王美娥，2008. 基于小麦种子发芽和根伸长的麝香酮污染毒性效 [J]. 应用生态学报，19 (6)：1396-1400.
冯武焕，朱永利，赵科刚，等，2014. 西安种植业面源污染调查与分析 [J]. 中国农学通报，30 (15)：152-156.
付石军，常维山，郭时金，等，2015. 环保新政下如何进行家禽环保养殖 [J]. 家禽科学 (2)：12-14.
黄冠军，2015. 论水产生态健康养殖 [J]. 水产渔业，32 (2)：153.
金京淑，2010. 日本推行农业环境政策的措施及启示 [J]. 现代日本经济 (5)：60-64.
励建荣，张立钦，2002. 绿色食品概论 [M]. 北京：中国农业科技出版社.
刘红梅，杨殿林，2008. 澳大利亚农业发展概况及对我国农业发展启示 [J]. 农业环境与发展，25 (5)：32-35.
孟凡乔，史雅娟，吴文良，2000. 我国无污染农产品重（类）金属元素土壤环境质量标准的制定与研究进展 [J]. 农业环境科学学报，1 (6)：356-98.
邱秋，2008. 日本、韩国的土壤污染防治法及其对我国的借鉴 [J]. 生态与农村环境学报 (1)：83-87.
任继平，李德发，张丽英，2003. 镉毒性研究进展 [J]. 动物营养学报，15 (1)：1-6.
申义珍，徐俊兵，马丽丽，2012. 扬州市种植业面源污染现状与对策 [J]. 环境管理 (4)：78-81.
宋静，陈梦舫，骆永明，等，2011. 制订我国污染场地土壤风险筛选值的几点建议 [J]. 环境监测管理与技术，23 (3)：26-33.

王成贤，石德智，沈超峰，等，2011. 畜禽粪便污染负荷及风险评估——以杭州市为例 [J]. 环境科学学报 (11)：2562-2569.

王瑞斌，安华，1997. 我国环境空气质量标准与国外相应标准的比较 [J]. 环境科学研究，10 (6)：35-39.

王姗姗，王颜红，王世成，等，2014. 辽北地区农田土壤-作物系统中 Cd、Pb 的分布及富集特征 [J]. 土壤通报，41 (3)：716-722.

王宗爽，武婷，车飞，等，2010. 中外环境空气质量标准比较 [J]. 环境科学研究，23 (3)：253-260.

肖元安，唐安来，2008. 绿色食品产业实用指南 [M]. 北京：中国农业出版社.

辛术贞，李花粉，苏德纯，2011. 我国污灌污水中重金属含量特征及年代变化规律 [J]. 农业环境科学学报，11 (11)：2271-2278.

杨红莲，袭著革，闫俊，等，2009. 新型污染物及其生态和环境健康效应 [J]. 生态毒理学报，4 (1)：28-34.

余杨，王雨春，周怀东，等，2003. 三峡库区蓄水初期大宁河重金属食物链放大特征研究 [J]. 环境科学，34 (10)：3847-3853.

张东祥，董丽媛，2014. 农业生态旅游产业发展对区域经济的影响与对策探析 [J]. 农业经济 (12)：26-27.

张红振，骆永明，夏家淇，等，2011. 基于风险的土壤环境质量标准国际比较与启示 [J]. 环境科学 (3)：795-802.

章家恩，骆世明，2004. 农业生态系统健康的基本内涵及其评价指标 [J]. 应用生态学报，15 (8)：1473-1476.

赵华，郑江淮，2007. 从规模效率到环境友好——韩国农业政策调整的轨迹及启示 [J]. 经济理论与经济管理 (7)：71-75.

周国华，秦绪文，董岩翔，2005. 土壤环境质量标准的制定原则与方法 [J]. 地质通报，24 (8)：721-727.

周启星，安婧，何康信，2011. 我国土壤环境基准研究与展望 [J]. 农业环境科学学报 (1)：1-6.

FONTES L. F. RENILDES, COX R. FRED, 1998. Iron deficiency and zinc toxicity in soybean grown in nutrient solution with different levels of sulfur [J]. J. Plant Nutr, 21 (8)：1715-1722.

GARRATT A. JAMES, CAPRI ETTORE, TREVISAN MARCO, et al, 2003. Parameterisation, evaluation and comparison of pesticide leaching models to data from a Bologna field site, Italy [J]. Pest Manag. Sci, 59 (1)：3-20.

GAYNOR J D, MACTAVISH D C, LABAJ A B, 1998. Atrazine and metolachlor residues in Brookston CL following conventional and conservation tillage culture [J]. Chemosphere, 36 (15)：3199-3210.

GONCALVES C, ALPENDURADA M F, 2005. Assessment of pesticide contamination in soil samples from an intensive horticulture area, using ultrasonic extraction and gas chromatography - massspectrometry [J]. Talanta, 65 (5): 1179 - 1189.

GUTSCHE V, ROSSVERG D, 1997. SYNOPS 1.1: a model to assess and to compare the environmental risk potential of active ingredients in plant protection products [J]. Agr. Ecosyst. Environ, 64 (2): 181 - 188.

LEVITAN LOIS, 2000. 'How to' and 'Why': assessing the enviro - social impacts of pesticides [J]. Crop Prot, 19 (8): 629 - 636.

LI Ke - Bin, CHENG Jing - Tao, WANG Xiao - Fang, et al. 2008., Degradation of herbicides atrazine and bentazone applied alone and in combination in soils [J]. Pedosphere, 18 (2): 265 - 272.

MEIJER S N, OCKENDEN W A, SWEETMAN A, et al., 2003. Global Distribution and budget of PCBs and HCB in background surface soils: implications for sources and environmental processes [J]. Environ. Sci. Technol, 37 (4): 667 - 672.

OLDAL B, MALOSCHIK E, UZINGER N, et al., 2006. Pesticide residues in Hungarian soils [J]. Geoderma, 135 (11): 163 - 178.

Reiner J L, & Kannan K, 2006. A survey of polycyclic musks inselected household commodities from the United States [J]. Chemosphere, 62 (6): 867 - 873.

REUS J A, LEENDERTSE P C, 2000. The environmental yardstich for pesticides: a practical indicator used in the Netherlands [J]. Crop Prot, 19 (8): 637 - 641.

SANDRA R. RISSATO, MARIO S. GALHIANE, VALDECIR F XIMENES, et al., 2006. Organochlorine pesticides and polychlorinated biphenyls in soil and waters amples in the Northeastern partof Sao Paulo State, Brazil [J]. Chemosphere, 65 (11): 1949 - 1958.

SCHAMPHELEIRE D. Mieke, SPANOGHE PIETER, BRUSSELMAN EVA, et al., 2007. Risk assessment of pesticide spray drift damage in Belgium [J]. Crop Prot, 26 (4): 602 - 611.

Stiborová, M., Doubravová, M., Březinová, A., et al., 1986. Effect of heavy metal ions on growth and biochemical characteristics of photosynthesis of barley (Hordeum vulgare L.) [J]. Photosynthetica, 1986, 20 (4): 418 - 425.

Vangronsveld J, Weckx J, Kubacka - Zebalska M, et al., 1993. Heavy metal induction of ethylene production and stress enzymes: II. Is ethylene involved in the signal transduction from stress perception to stress responses? In Cellular and Molecular Aspects of the Plant Hormone Ethylene [M]. Berlin: Springer Netherlands.

VERCRUŸSSE F., STEURBAUT W. POCER, 2000. the pesticide occupational and environmental risk indicator [J]. Crop Prot, (21): 307 - 315.

XIAO N W, JING B B, GE F, et al., 2006. The fate of herbicide acetochlor and its toxicity to Eisenia fetida under laboratory conditions [J]. Chemosphere (62): 1366 - 1373.